Photoshop基础教程

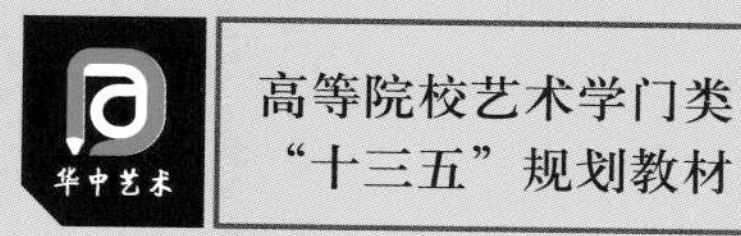

主　编　周　莉　李晶
副主编　唐娅莎　汪伟　梁　丹　曾勇　刘　臻　熊朝阳
参　编　龙　杰　杜平　涂燕平　田园　刘世为　王　佳

華中科技大學出版社
http://www.hustp.com
中国·武汉

内容简介

本书从 Adobe Photoshop 的基础知识出发，详细介绍了它的基本功能和当下最新版本的新增功能。从 Adobe Photoshop 的基础知识，菜单命令、工具箱和滤镜的使用，图像的基本操作，图层、通道与蒙版等的基本操作，到与海报设计、包装设计、首饰设计、环境艺术设计等具体设计案例的结合，系统阐述了 Photoshop 在各具体设计领域的不同制作功能。

本书内容编排合理，语言叙述流畅、通俗易懂，内容由浅入深、循序渐进，版式生动活泼，从多种角度展现了 Adobe Photoshop 的图像编辑、处理及创意功能，涵盖了 Photoshop 的所有核心知识点。

图书在版编目（CIP）数据

Photoshop 基础教程 / 周莉，李晶主编．— 武汉：华中科技大学出版社，2019.7（2025.1 重印）
高等院校艺术学门类“十三五”规划教材
ISBN 978-7-5680-5340-2

Ⅰ．① P… Ⅱ．①周… ②李… Ⅲ．①图象处理软件 – 高等学校 – 教材 Ⅳ．① TP391.413

中国版本图书馆 CIP 数据核字 (2019) 第 122414 号

Photoshop 基础教程
Photoshop Jichu Jiaocheng　　　　周　莉　李　晶　主编

策划编辑：彭中军
责任编辑：史永霞
封面设计：优　优
责任监印：朱　玢
出版发行：华中科技大学出版社（中国·武汉）　　电话：（027）81321913
　　　　　武汉市东湖新技术开发区华工科技园　　邮编：430223
录　　排：华中科技大学惠友文印中心
印　　刷：武汉科源印刷设计有限公司
开　　本：880 mm × 1230 mm　1/16
印　　张：8.5
字　　数：256 千字
版　　次：2025 年 1 月第 1 版第 6 次印刷
定　　价：59.00 元

前言
Preface

Adobe Photoshop，简称“PS”，是由 Adobe 公司开发和发行的图像处理软件。在设计专业中，Photoshop 软件被广泛使用。目前市面上关于 Photoshop 软件方面的书籍琳琅满目，有按入门级、中级、高级分类的计算机软件技术书籍，也有专门针对高校设计专业的教材。

按级来编写的 Photoshop 书籍，遵循传统编写的模式，按工具、菜单栏、面板等逐一展开，每个部分和章节都非常详细。但对于艺术设计专业的学生，在有限的课时内是无法完全学习完整本书的内容的。而且书籍页数比较多，前期纯理论过多，让学生学习起来感觉过于理论化，缺乏实际应用性。

作为教材的 Photoshop 书籍，相较于专业软件级的 Photoshop 书籍，更加适合初学 Photoshop 的高校学生。目前大多数 Photoshop 教材，案例应用比较偏向于平面设计，每个章节的划分比较相似。

本书从多年教学经验出发，首先总结一些在教学过程中学生常见和难以解决的问题，比如“自由变换”和“变换选区”的区分、“羽化”操作步骤等。在学习基础知识的同时，有意识地避免了今后操作上容易出现的误区和盲点。其次，区别于以往按工具次序、菜单排列、面板逐一讲解，而是把这些混合起来，根据实际操作分步骤来讲授。最后，本书适合所有专业的学生学习，案例涉及面广，特别是针对平面设计、珠宝设计和环境艺术设计，在最后的章节中重点进行讲解。

设计出科学、合理又与软件完美结合的章节，不是一件容易的事情。我们力求艺术性与理论性相结合，提高学生在实际操作时的熟练度，引导和激发学生的创意与表现，培养学生的独立性与艺术潜力。

由于编写时间仓促，笔者水平有限，书中有不妥之处，恳请专家、设计师及广大读者批评指正。

编 者

2019 年 2 月

目录
Contents

第 1 章

Photoshop 基础操作

【学习目标】

本章节讲解了 Photoshop 软件的界面以及操作方法、图像的格式、图像文件的基本操作方式、查看文件的方法等基础知识。学习这些基础知识，能为深入学习打下良好的基础，避免在今后的实际设计中出现失误。

【重要知识点】

（1）区分位图与矢量图的应用范围和操作，了解相对应的软件种类。
（2）掌握视频分辨率和打印分辨率，了解分辨率的重要性。
（3）掌握 Photoshop 常规的保存格式并在练习中运用。

Photoshop 是 Adobe 公司旗下的图形图像处理软件之一，它是集图像扫描、编辑修改、动画制作、图像制作、广告创意、图像输入与输出为一体的图形图像处理软件。

1.1 Photoshop 的界面

1.1.1 Photoshop 的工作界面

启动 Photoshop，开打一个图像文件，进入其工作界面。Photoshop 的工作界面主要包括菜单栏、工具栏、属性栏、状态栏、标题栏、面板等。

【菜单栏】由“文件”“编辑”“图像”“类型”“选择”“滤镜”“3D”“视图”“窗口”和“帮助”等菜单组成，包含操作时要使用的所有命令。

【工具栏】也称为工具箱，在默认状况下工具栏位于工作区的左侧，工具栏可以折叠或者展开显示。对于右下角有黑色小三角图标的工具，单击它可以展开工具组。

【属性栏】又称选项栏，位于菜单栏下方，是各种工具的参数控制中心。选择不同工具，属性栏提供的选项也有所不同。

【状态栏】位于图像窗口的底部，用于显示当前的操作提示和当前文档的相关信息。单击状态栏右侧的黑色小三角，可以切换不同的图像状态选项。

【标题栏】可以显示图像文件的名称、格式、界面缩放比例以及颜色模式等。

【面板】默认情况下，控制面板显示在 Photoshop 的右侧，包括“导航器”面板、“历史记录”面板、“颜色”面板、“图层”面板和“通道”面板等。

1.1.2 Photoshop 的基本操作

在编辑图像之前，需要对图像进行一些基本操作，如新建文件、置入文件、保存文件和关闭文件等。

【打开面板】单击“窗口”菜单可以显示所有面板，如“色板”“样式”“图层”和“颜色”等，文字前打钩的说明面板已经打开，显示在 Photoshop 工作区的右侧。

【新建文件】执行“文件 > 新建”（快捷键 Ctrl+N），弹出“新建”对话框，如图 1–1 所示，从中可设置新文件的名称、尺寸、分辨率、颜色模式和背景内容等参数。

【打开文件】执行“文件 > 打开”（快捷键 Ctrl+O），弹出 “打开”对话框，如图 1–2 所示。

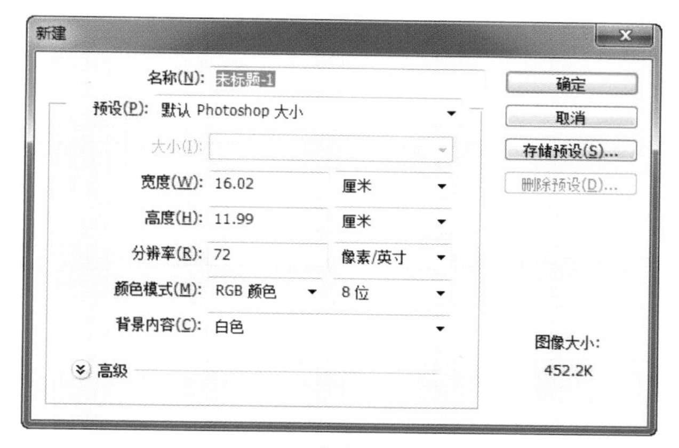

图 1–1

图 1–2

【置入文件】将 Photoshop 支持的文件添加到当前操作的文件中。执行“文件 > 置入”，弹出图 1–3 所示的 “置入”对话框。

【保存文件】执行“文件 > 保存”（快捷键 Ctrl+S），弹出“另存为”对话框，设置储存路径，输入文件名，在“保存类型”下拉列表框中选择文件格式，如图 1–4 所示。

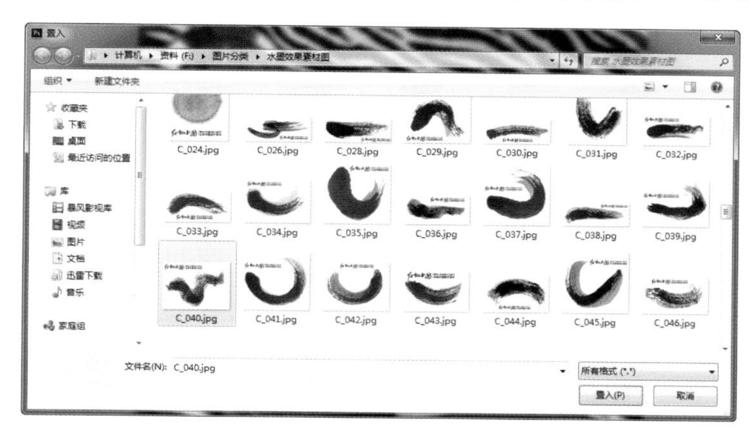

图 1–3

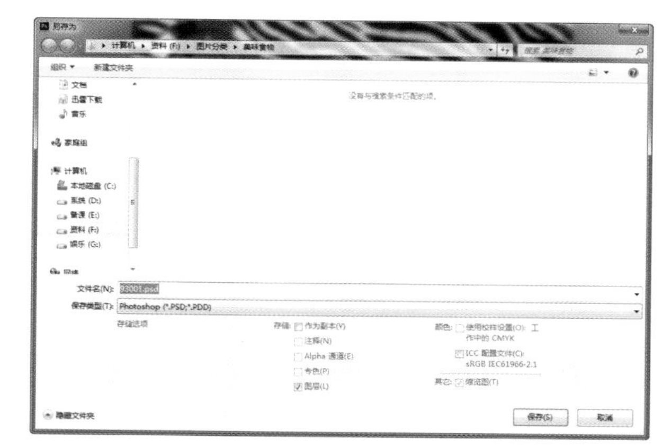

图 1–4

【关闭文件】执行“文件 > 关闭”（快捷键 Ctrl+W），如果文件没有保存，就会弹出图 1–5 所示的保存文件提示窗口。

图 1–5

1.1.3 首选项和性能优化

在 Photoshop 中除了可以对工作界面进行设置外，还可以对在操作时会使用的文件处理、性能、光标、透明度与色域等相关参数或显示进行设置。执行“编辑 > 首选项”，弹出“首选项”对话框，如图 1–6 所示。

【界面颜色】为了更好地适应每个操作者的需求，界面面板预设了四种不同的颜色方案，如图 1–7 所示。

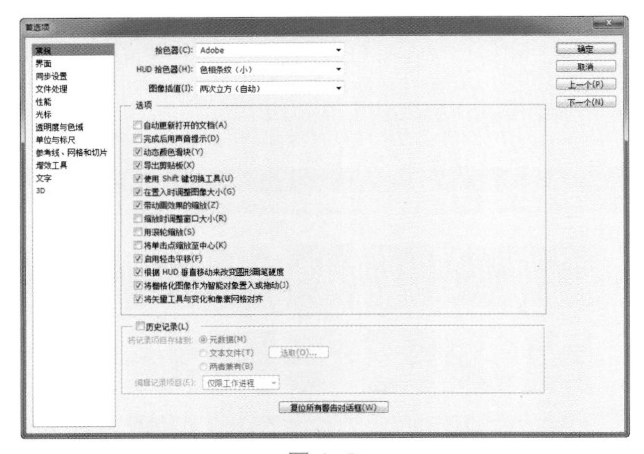

图 1–6

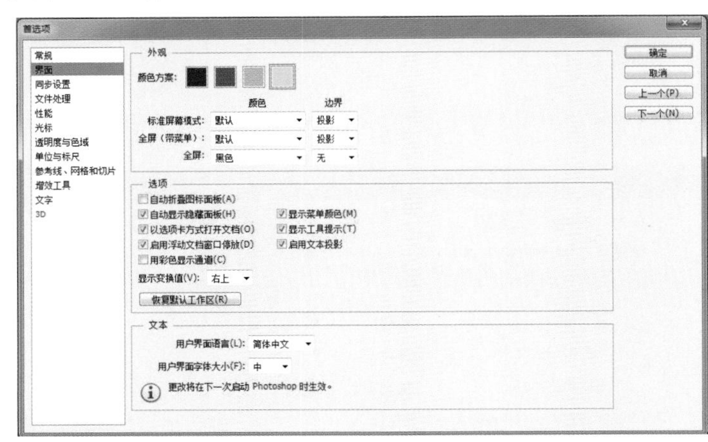

图 1–7

【暂存盘】Photoshop 运行时文件暂存的空间，选择的暂存盘空间越大，可以打开的文件就越大。但是要选择合适的暂存盘大小，以免占用太多空间。一般默认系统盘为 C 盘，根据计算机自身配置进行选择，如图 1–8 所示。如果在编辑文件时弹出暂存盘已满的提示，说明所选空间已满，需加选或者清空已选的空间。

【历史记录】历史记录状态与历史记录面板相关，当前默认状态有 20 步骤，所以历史记录面板只能保存 20 步骤，如图 1–9 所示。可以适当增加或者减少步骤，设置步骤越多，文件操作时记录的步骤也越多，暂存空间也会越大。

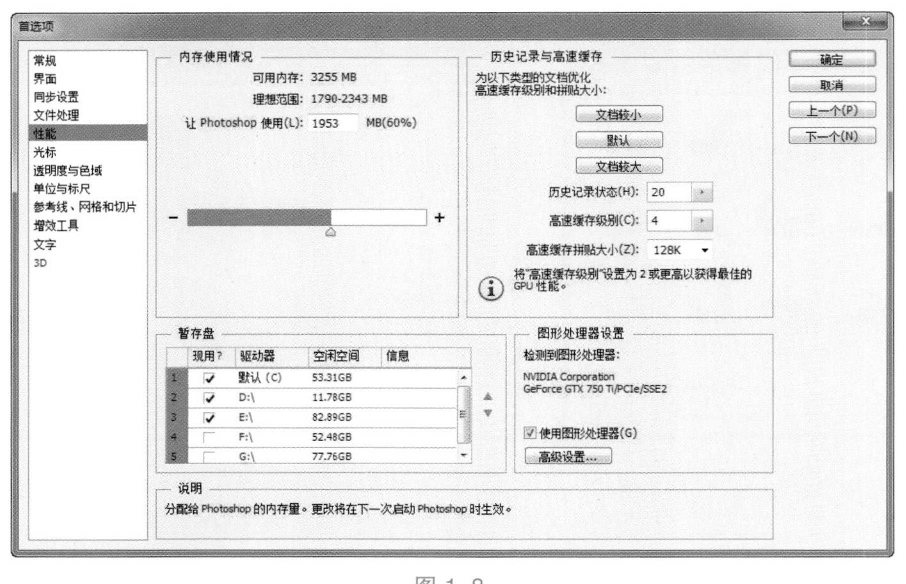

图 1–8

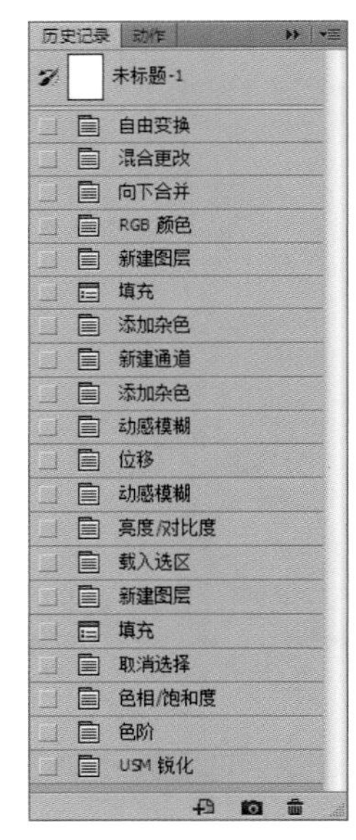

图 1–9

【光标】设置 Photoshop 操作时鼠标显示的状态和精确度，如图 1–10 所示。

【透明区域】主要设置图层中透明背景的效果，默认效果网格大小为中，网格颜色为白色和浅灰色。也可以自行设置，如图 1–11 所示。

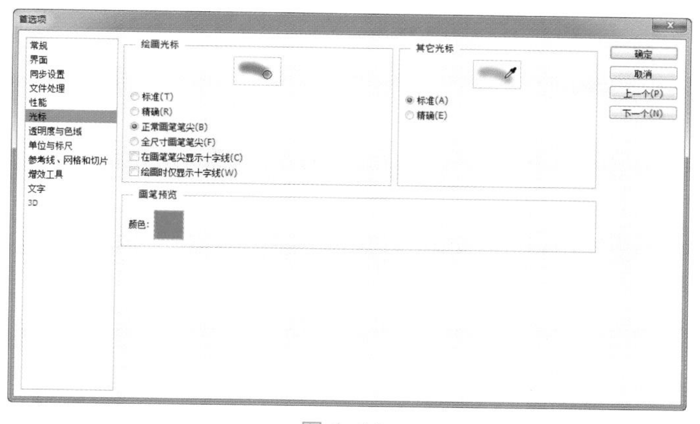

图 1–10

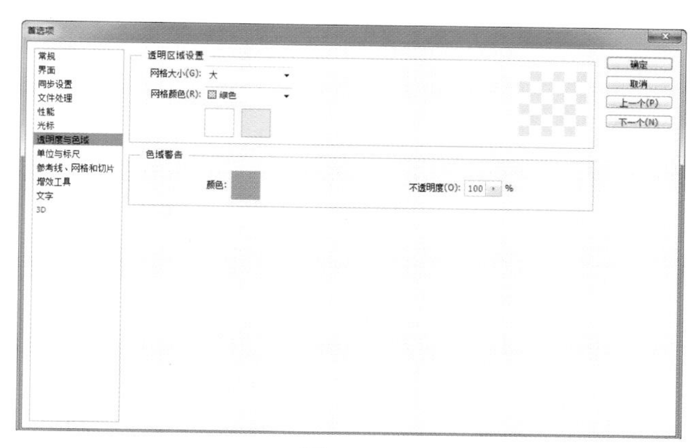

图 1–11

【单位】可以设置不同的参数，默认标尺单位为厘米，文字单位为点，如图 1–12 所示。

【参考线、网格和切片】主要设置参考线、智能参考线、网格和切片的颜色，如图 1–13 所示。

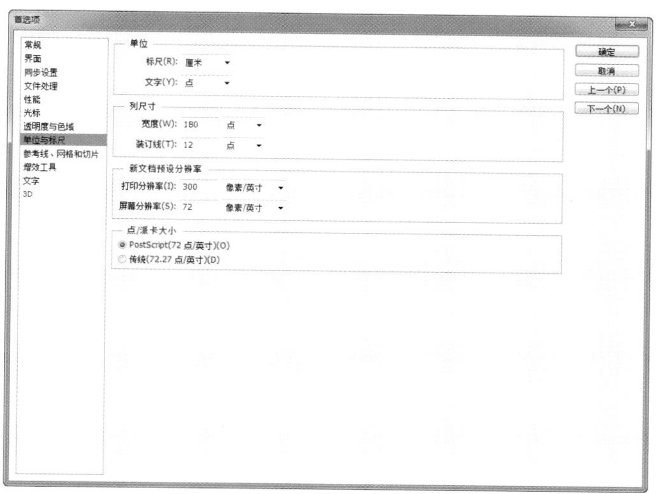

图 1–12

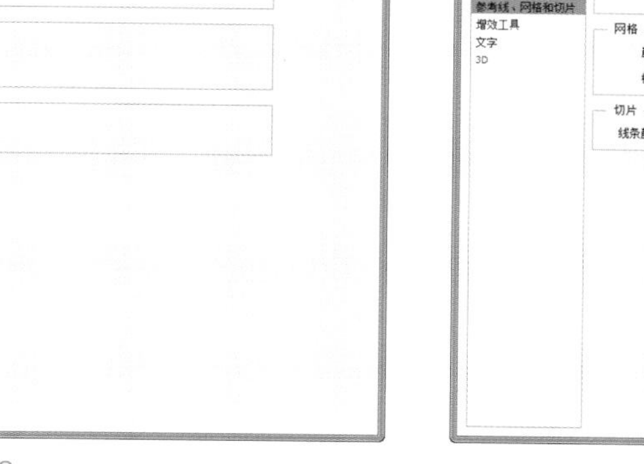

图 1–13

1.2　Photoshop 的基础知识

学习 Photoshop 处理图像的相关知识和操作前，有必要了解一些与图像处理相关的常用术语，以便更好地在实践项目设计中去应用。

1.2.1　位图和矢量图

【位图】也称为点阵图或者栅格图，是由像素的单个点组成的，每个像素都有着自己的颜色信息并构成图像。放大位图时，可以看见构成整个图像的无数单个方块，即像素。位图的图像质量取决于单位面积中像素点的数量，每平方英寸中所含像素越多，图像越清晰，颜色之间的混合也越平滑。

【矢量图】根据几何特性来绘制图形，在放大后图像不会出现马赛克，与像素无关，从而不会失真。文件占用空间小。比较具有代表性的矢量图软件有 Adobe Illustrator、CorelDRAW、AutoCAD 等。

1.2.2 分辨率

分辨率是指单位长度内包含的像素点的数量，它决定了位图细节的精细程度。分辨率越高，在单位长度内包含的像素越多，图像就越清晰。我们通常要了解两种分辨率，即打印分辨率和视屏分辨率，分别为 300 像素 / 英寸和 72 像素 / 英寸。

【图像大小和画布大小】执行“图像 > 图像大小”（快捷键 Alt+Ctrl+I），弹出图 1–14 所示的“图像大小”对话框。对话框中是图像的一些基本信息，包括图像大小、尺寸和分辨率等。当前（图 1–14 中）图像大小为 22.9M，长度和宽度内的总像素为 3264 像素 ×2448 像素，宽度为 115.15 厘米，高度为 86.36 厘米，分辨率为 72 像素 / 英寸。把图 1–14 中的分辨率调整为 300 像素 / 英寸，宽度和高度自动随之变化，总像素和文件大小是没有变化的，如图 1–15 所示。图 1–14 是视屏分辨率时图像的尺寸大小，而图 1–15 则是打印的实际尺寸。勾选“重新采样”，再调整分辨率，宽度和高度无变化，但是尺寸的总像素发生变化。一般情况下，在勾选“重新采样”时，分辨率和长宽度只会减小数值，而不能增大数值。

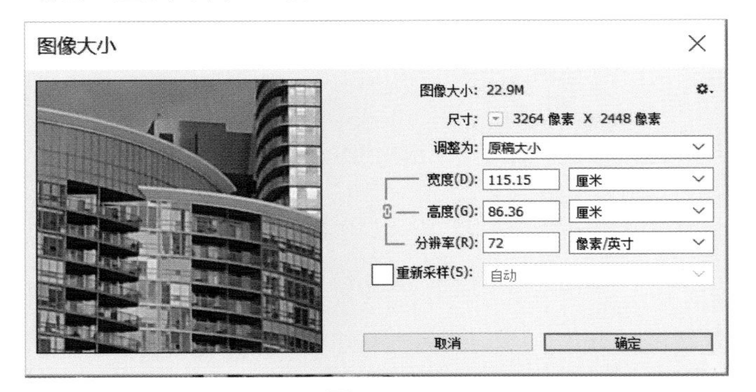

图 1–14

图像大小
图像大小: 22.9M
尺寸: 3264 像素 X 2448 像素
调整为: 自定
宽度(D): 27.64 厘米
高度(G): 20.73 厘米
分辨率(R): 300 像素/英寸
重新采样(S): 自动
取消
确定

图 1–15

执行“图像 > 画布大小”（快捷键 Alt+Ctrl+C），弹出“画布大小”对话框，如图 1–16 所示。对话框中是图像的一些基本信息，包括图像大小、尺寸、定位和画布扩展颜色等，能对图像精确裁切。裁剪图像，输入比原尺寸小的数值，如宽度 80 厘米、高度 60 厘米，定位于图像左侧中心（裁剪部分为右侧），如图 1–17 所示。单击“确定”按钮，弹出图 1–18 所示的对话框，提示“新画布大小小于当前画布大小；将进行一些剪切”，单击“继续”按钮，裁剪后效果如图 1–19 所示。

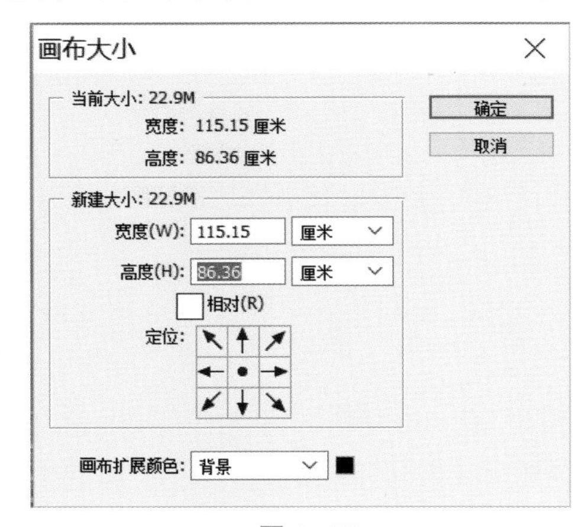

图 1–16

图 1–17

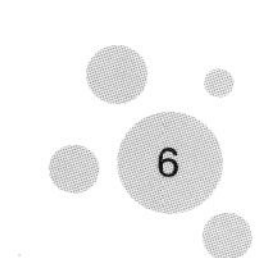

图 1–18　　　　图 1–19

【查看图像】在编辑图像时，经常需要放大或缩小窗口的显示比例或者移动图像显示区域，以便更好地观察和处理图像细节。查看图像有以下几种方式。

单击“视图”，出现图 1–20 所示的下拉菜单，“放大”的快捷键为 Ctrl++，“缩小”的快捷键为 Ctrl+–，“按屏幕大小缩放”的快捷键为 Ctrl+0，显示图像 100% 比例的快捷键为 Ctrl+1。也可以按 200% 比例显示图像。

执行“窗口 > 导航器”，显示导航器面板，利用图片下方的数值框和放大缩小滑块，都可以调整图片预览窗口大小，如图 1–21 所示。

单击工具箱中的“抓手工具”，鼠标在图像上显示为抓手，可以移动到需要显示的位置，快捷键为空格。图 1–22 所示为其选项栏。

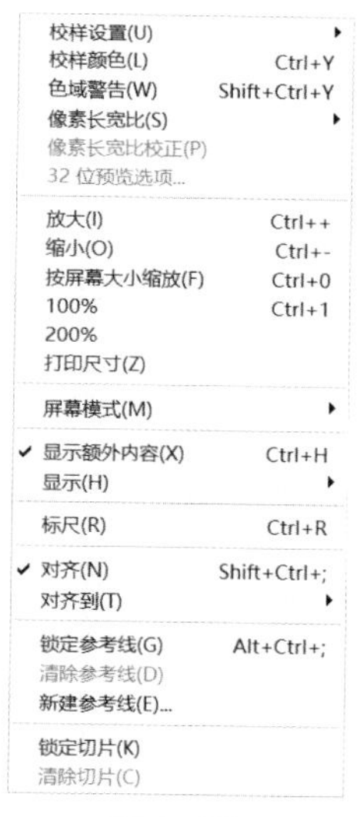

图 1–20

图 1–21

图 1–22

单击工具箱中的“缩放工具”，图 1–23 所示为其选项栏。单击“放大”可以切换到放大模式，单击“缩小”可以切换到缩小模式。

图 1–23

1.2.3 颜色模式

使用 Photoshop 时我们经常会涉及“颜色模式”这一概念，它是一种记录图像颜色的方式。在 Photoshop 中，颜色模式分别为位图模式、灰度模式、双色调模式、索引颜色模式、RGB 颜色模式、CMYK 颜色模式、Lab 颜色模式和多通道模式。查看图像的现有颜色模式，可执行“图像 > 模式”，颜色模式前面打钩的就是目前图像所处的颜色模式，如图 1–24 所示。

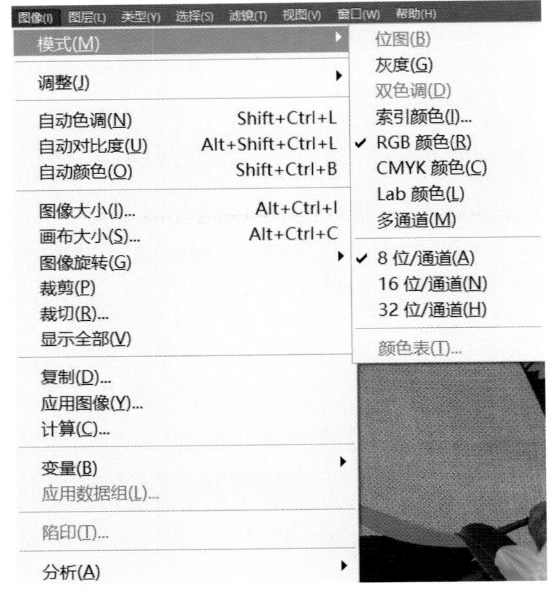

图 1–24

【位图模式】图像处于位图颜色模式，是将图像转换为黑色和白色两种颜色值。将图像转换为位图前，需要先将其转换为灰度模式，这样可以先删除像素中的色相和饱和度，从而只保留亮度值。

【灰度模式】用单一色调表现图像，一个像素的颜色用 8 位来表示，最多可表现 256 阶的灰色调，也就是 256 种明度的灰色。图像由黑到灰到白的过渡，如同黑白照片。

【双色调模式】并不是指由两种颜色构成图像的颜色模式，而是通过一至四种自定油墨创建的单色调、双色调、三色调和四色调的灰度图像。单色调是非黑色的单一油墨打印的灰度图像。双色调、三色调和四色调分别是用两种、三种和四种油墨打印的灰度图像。

【索引颜色模式】索引颜色是位图图像的一种编码方法，必须基于 RGB、灰度等基本的颜色编码方式，可以通过限制图像中的颜色总数来实现有损压缩。如果需要将图像转换为索引颜色模式，那么图像必须是 8 位通道的图像、灰度图像或者是 RGB 颜色模式的图像。

【RGB 颜色模式】是图像常见的一种颜色标准，是通过对红 (red)、绿 (green)、蓝 (blue) 三个颜色通道的变化以及它们相互之间的叠加来得到各式各样的颜色的。R、G、B 代表红、绿、蓝三个通道的颜色，在通道面板中可以查看 RGB 颜色通道的状态信息。RGB 颜色模式的图像只有在发光体上才能显示出来，如显示器、电视机、手机等。

【CMYK 颜色模式】是一种印刷模式，C、M、Y 是 3 种印刷油墨名称的首写字母，C 代表青色（cyan），M 代表洋红色（magenta），Y 代表黄色（yellow），而 K 代表黑色（black）。CMYK 模式也叫作减光模式，该模式只有在印刷品纸张上可以显现，它的颜色模式包含的颜色总数比 RGB 颜色模式要少，所以显示器上 RGB 颜色模式的图像要比印刷出来的图像显得亮丽一些。C、M、Y、K 代表青色、洋红色、黄色、黑色四个通道的颜色，在通道面板中可以查看 CMYK 颜色通道的状态信息。

【Lab 颜色模式】是由亮度（luminosity）和有关色彩的 a、b 分量这 3 个要素组成。L 表现亮度，a 表现从红色到绿色的范围，b 表现从黄色到蓝色的范围。Lab 代表亮度、a、b 三个通道的颜色，在通道面板中可以查看 Lab 颜色通道的状态信息。

Lab 颜色模式是最接近真实世界颜色的一种色彩模式，它同时包括 RGB 颜色模式和 CMYK 颜色模式中的所有颜色信息，所以在将 RGB 颜色模式转换为 CMYK 颜色模式之前，要先将 RGB 颜色模式转换为 Lab 颜色模式，再将 Lab 颜色模式转换为 CMYK 颜色模式，这样就不会丢失颜色信息。

【多通道模式】图像在每个通道中都包含 256 个灰阶，对于特殊打印非常有用。将一张 RGB 颜色模式的图像转换为多通道模式的图像后，之前的红、绿、蓝 3 个通道变成青色、洋红色、黄色 3 个通道。如果图像处于 RGB 颜色、CMYK 颜色或 Lab 颜色模式下，删除其中颜色通道，图像将会自动转换为多通道模式。多通道模式图像可以储存为 PSD、PSB、EPS 和 RAW 格式。

1.2.4 图像的文件格式

图像的文件格式就是存储图像数据的方式，它决定了图像的压缩方法、支持何种 Photoshop 功能以及文件是否与一些文件相兼容等属性。保存图像时，可以在弹出的对话框中选择图像的保存格式，如图 1–25 所示。

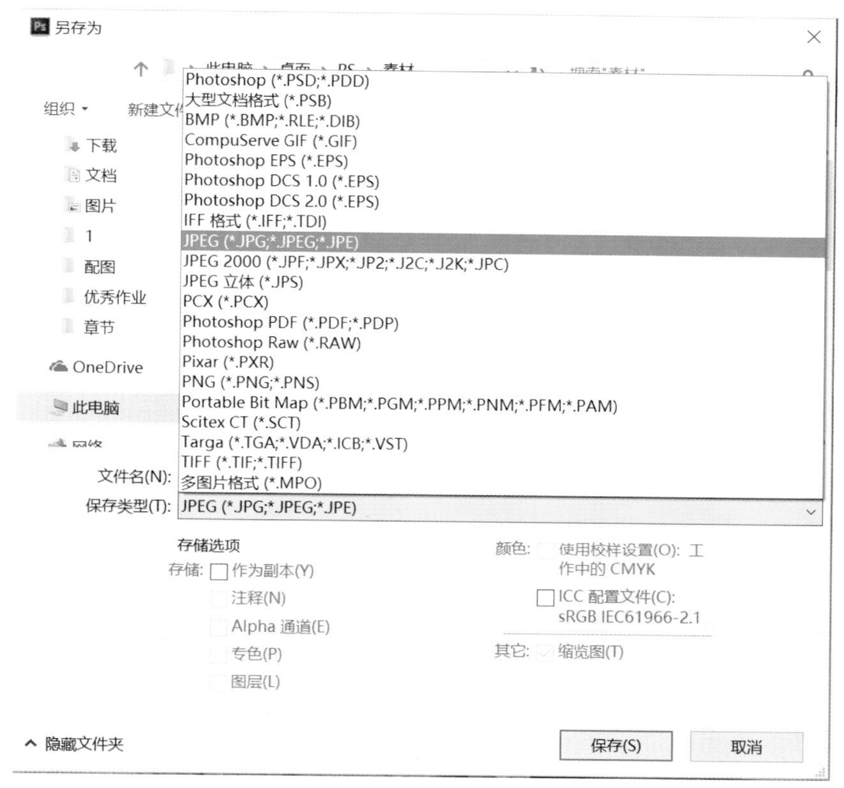

图 1–25

【PSD/PDD 格式】是 Photoshop 的专用格式，可以保存 Photoshop 的图层、通道、路径等信息，是目前唯一能够支持全部图像颜色模式的格式。

【BMP 格式】是 Windows 操作系统中的标准图像文件格式，它采用位映射存储格式，除了图像深度可选以外，不采用其他任何压缩。因此，BMP 文件所占用的空间很大。BMP 格式主要用于保存位图图像，支持 RGB 颜色、位图、灰度和索引颜色模式，但是不支持 Alpha 通道。

【GIF 格式】是输出图像到网页最常用的格式，它采用 LZW 压缩算法，支持透明背景和动画，被广泛应用于网络中。

【EPS 格式】是为 PostScript 打印机上能输出高品质的图形图像而开发的，是图像处理工作中最重要的格式，被广泛应用于 Mac 和 PC 环境下的图形设计和版面设计。

【JPG 格式】是平时最常见的一种图像格式，它是一种最有效、最基本的有损压缩模式，被绝大多数的图形处理软件所支持。

【RAW 格式】是应用程序与计算机平台之间传播图像的文件格式，支持具有 Alpha 通道的 CMYK 颜色、RGB 颜色和灰度模式，以及无 Alpha 通道的多通道、Lab 颜色、索引颜色和双色调模式。

【PNG 格式】是一种将图像压缩到 Web 上的文件格式，是专门为 Web 开发的。PNG 格式与 GIF 格式不同的是，PNG 格式支持 244 位图像，并产生无锯齿状的透明背景。

【TIFF 格式】支持具有 Alpha 通道的 CMYK 颜色、RGB 颜色、Lab 颜色、索引颜色和灰度模式图像，以及没有 Alpha 通道的位图模式图像，是一种传统的印刷输出格式。

1.3 辅助工具

常用的辅助工具包括标尺、参考线、网格和注释工具等，借助这些辅助工具可以进行参考线、对齐、定位等参考。

1.3.1 视图选项

【标尺】执行“视图 > 标尺”(快捷键 Ctrl+R),图像上方和左侧出现标尺,如图 1–26 所示。标尺的单位在“编辑 > 首选项 > 单位与标尺” 里进行设定，当前单位为厘米。

图 1–26

【参考线】是以浮动的状态显示在图像上方的，可以帮助用户精确地定位图像或者元素。在输出和打印图像时，参考线不会显示出来。使用参考线的一种方法：首先打开标尺，用移动工具从上方标尺或者左侧标尺进行拖拽，可拖拽出一条参考线，如图 1–27 所示。

图 1-27

另一种方式可以精确定位参考线：执行“视图 > 新建参考线”，弹出“新建参考线”对话框，设定具体位置，如图 1-28 所示。

【网格】主要用来对称排列图像，执行“视图 > 显示 > 网格”（快捷键 Ctrl+’），效果如图 1-29 所示。网格在“编辑 > 首选项 > 参考线、网格和切片”里进行设定，当前设定网格线间距为 25 毫米，子网格为 4。

【对齐】对齐工具有助于精确地放置选区、裁剪选框、切片、形状和路径等。执行“视图 > 对齐到”，其下拉菜单包括参考线、网格、图层、切片、文档边界、全部和无，如图 1-30 所示。

【显示额外内容】执行“视图 > 显示额外内容”（快捷键 Ctrl+H），勾选状态为显示额外内容，如图 1-31 所示。可以在画布中显示处于图层边缘、选区边缘、目标路径、网格、参考线、切片等额外的内容。

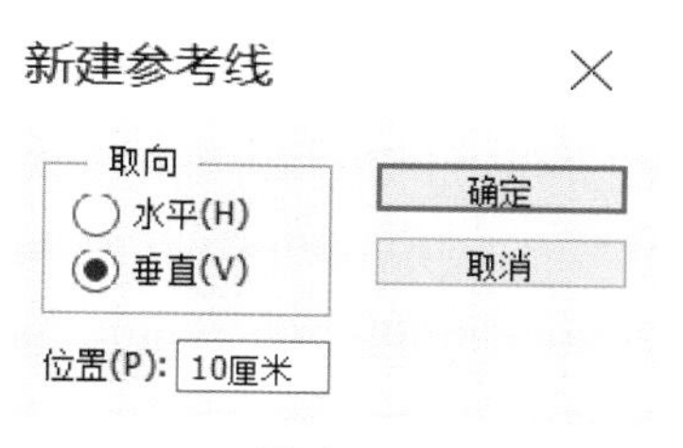

图 1-28

图 1-29

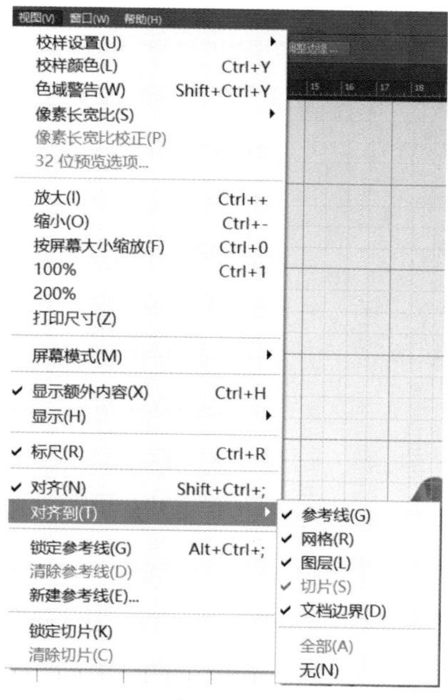

图 1-30

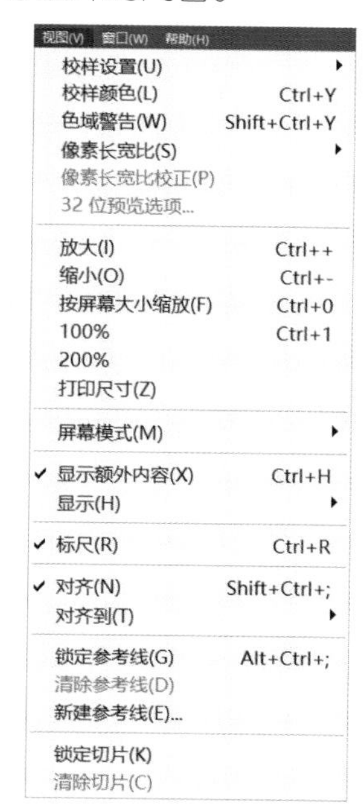

图 1-31

1.3.2 工具选项

辅助工具包括吸管工具、3D 材质吸管工具、颜色取样器工具、标尺工具、注释工具和计数工具，如图 1–32 所示。

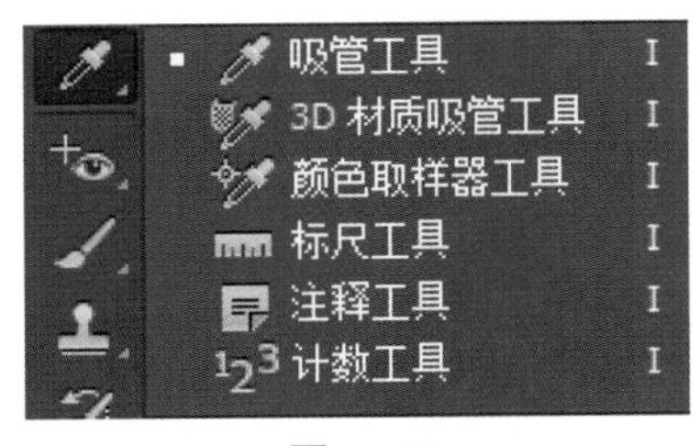

图 1–32

【吸管工具】使用吸管工具可以拾取图像中的任何颜色作为前景色，按住 Alt 键拾取的颜色可以作为背景色。

【3D 材质吸管工具】主要用于吸取 3D 图像中的材质属性。

【颜色取样器工具】使用颜色取样器工具可以拾取图像中的颜色，在信息面板中显示相应的 RGB 或者 CMYK 数值，取样器最大数目为 4 个。

【标尺工具】主要用来测量图像中点与点之间的距离、位置和角度。

【注释工具】使用注释工具可以在图像中添加文字来进行提示或者作为备忘录等，可以在图像中添加一个或者多个注释。

【计数工具】使用计数工具可以对图像的元素进行计算，也可以自动对图像中的多个选区进行计算，计数结果在测量记录面板中显示。

1.3.3 撤销、返回文件

在进行 Photoshop 图像编辑时，出现错误操作可以通过撤销或者返回所做的步骤，来重新编辑图像。

【还原】执行“编辑 > 还原状态更改”（快捷键 Ctrl+Z），可以撤销最近的一次操作，还原到上一步骤操作状态。

【前进一步】执行“编辑 > 前进一步”（快捷键 Shift+Ctrl+Z），可以逐步恢复被撤销的步骤操作。

【后退一步】执行“编辑 > 后退一步”（快捷键 Alt+Ctrl+Z），可以逐步后退已操作的步骤。

【恢复】执行“文件 > 恢复”（快捷键 F12），可以直接将文件恢复到最后一次保存时的状态，或者恢复到刚打开文件的状态。

【历史记录面板】用于记录编辑图像过程中进行的操作步骤。执行“窗口 > 历史记录”，打开历史记录面板。通过历史记录面板可以恢复到某一步骤的状态，也可以再次返回到当前的操作状态。

Photoshop Jichu Jiaocheng

第2章

Photoshop 常用工具

【学习目标】

本章节讲解了 Photoshop 软件的选区、绘制图像、调整图像色彩、修饰图像等常用工具的概念与基本操作，是 Photoshop 软件初级入门所必须掌握的基础。其中，选区的应用操作是千变万化的，对此读者在后面所讲的章节中会有更深一步的了解。

【重要知识点】

（1）掌握 Photoshop 中自由变换和变换选框工具的区分。
（2）了解 Photoshop 操作中快捷键和工具的配合使用。

2.1 选区工具的基本操作

在 Photoshop 处理图像时，需要对某个特定区域进行编辑，这个时候我们需要对图像指定一个有效的区域然后进行编辑，这个区域就是【选区】。如图 2–1 所示，本章节会讲到移动、选框、套索、魔棒和裁切工具。

2.1.1 选取的基本操作

1. 选框工具

如图 2–2 所示，选框工具包含四种工具，平时只能显示一种，其他的被隐藏起来，我们可以通过单击鼠标右键来显示所有工具。

矩形选框工具：制作矩形和正方形（需要按住快捷键 Shift，再拉动选框）的选取范围。

椭圆选框工具：制作椭圆和圆形（需要按住快捷键 Shift，再拉动选框）的选取范围。

单行选框工具：制作横线选取范围。

单列选框工具：制作竖线选取范围。

在 Photoshop 工具属性栏中常用的选择工具（如选框工具、套索工具、魔棒工具）有一部分功能是相同的，就是选区的运算，如图 2–3 所示。

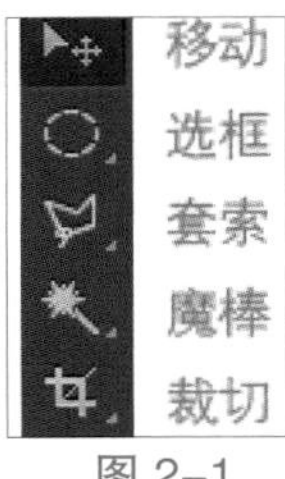

图 2–1

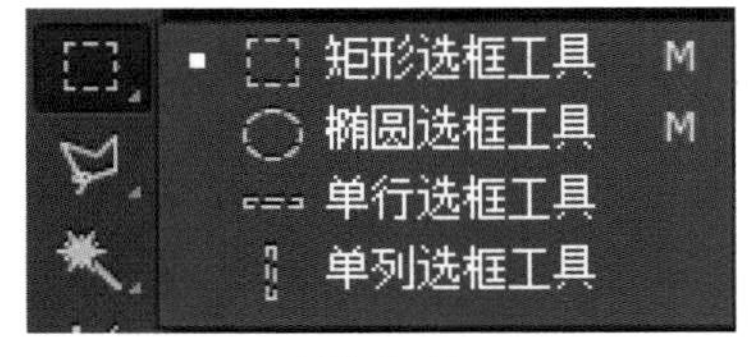

图 2–2

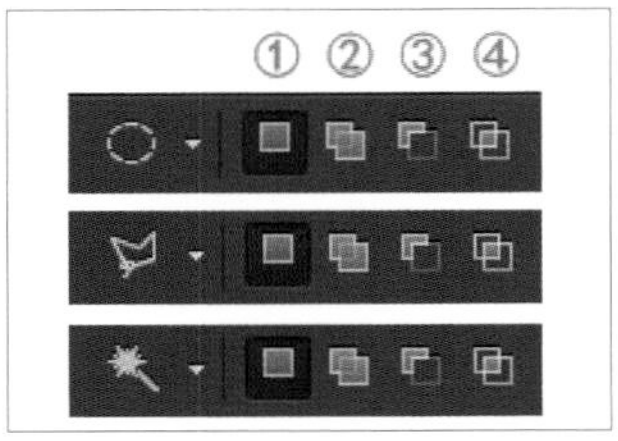

图 2–3

①新选区：建立一块新的区域。

②添加到选区：在原有选区上添加、扩大选区，鼠标指针下方会出现“+”。

③从选区减去：在原有选区上减少、缩小选区，鼠标指针下方会出现“-”。

④与选区交叉：选择原有选区与新选区的公共部分，鼠标指针下方会出现“x”。

提示：可以不用切换工具属性，用快捷键来进行选择，Shift添加、Alt减去、Shift+Alt公共。取消选区可以用选框工具单击画布，快捷键为Ctrl+D。

2. 移动工具

移动工具需要配合图层或者选框工具来使用，当有选区时鼠标在选区内会出现“剪刀”图标。移动鼠标会发现选区部分的图形也被移动，如图2-4所示。按住快捷键Alt（会多出一个白色的移动图标），移动鼠标可复制当前选区的图形，如图2-5所示。

图2-4

图2-5

3. 套索工具

选择套索工具，在图像窗口中进行拖拽绘制，释放鼠标后可创建选区（适合曲线选区），如图2-6所示。

选用多边形套索工具，以线段作为选区局部的边界，在边界上连续单击鼠标产生线段并连接起来形成一个多边形选区（适合不规则选区），如图2-7所示。

选用磁性套索工具，沿图形边缘轨迹拖动光标，系统将自动形成节点，当磁性套索工具下方出现一个原点“。”，再次单击鼠标即可创建精确的不规则选区（适合图像中颜色交界处色差较大的区域），如图2-8所示。

图2-6

图2-7

图2-8

提示：菜单栏下方有配套的添加、减去和交叉选项，与选框工具使用方法一样。

4. 魔棒工具

魔棒工具的容差值为 0 到 255 之间的像素，输入值越小，魔棒选择色彩差异越小，范围也越小；输入值越大，可选与所点选的像素相似的颜色，选择色彩范围越大。

快速魔棒工具 = 魔棒工具 + 套索工具，其选取范围会随着鼠标移动而自动向外扩展，并自动查找与鼠标起点所选的颜色而定义范围。连续操作快速魔棒工具，后一次的选框范围会自动添加前一次的选框。

5. 裁切工具

使用裁切工具可以裁切多余的图像，拖拽一个裁切的区域，灰色半透明的部分为剪去的区域，如图 2-9 所示，然后按 Enter 键或双击即可完成裁切。

6. 自由变换与变换选区

自由变换（执行“编辑 > 变换”）与变换（快捷键 Ctrl+T）一致，可以使所选图层或选区内的图像进入自由变换的状态；变换选区是针对选区的自由变换，两者选项是一致的。单击鼠标右键，菜单中有缩放、旋转、斜切、扭曲、透视、变形、旋转 180 度、旋转 90 度（顺时针）、旋转 90 度（逆时针）、水平翻转、垂直翻转，如图 2-10 所示。

图 2-9

图 2-10

2.1.2 羽化选区

羽化选区是通过建立选区和选区周围像素之间的转换边界来模糊边界的。有两个地方有羽化工具：一个在选框工具与套索工具的选项栏中，如图 2-11 和图 2-12 所示；另一个在菜单栏“选择 > 修改 > 羽化”，如图 2-13 所示。这两个地方羽化的效果是一致的，只是操作步骤略微不同。

羽化： 0像素

图 2-11

羽化： 0像素

图 2-12

选择椭圆选框工具（可以是任意选框工具），默认属性栏中的羽化值为 0 像素，如图 2-14 所示。添加一个选区并填充上颜色，边缘为光滑的，如图 2-15 所示。

选择椭圆选框工具，调整属性栏中的羽化值为 30 像素，如图 2-16 所示。添加一个选区并填充上颜色，边缘呈现模糊效果，如图 2-17 所示。

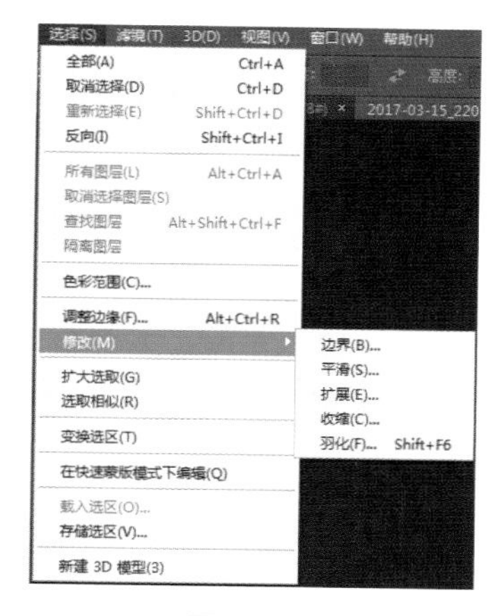

图 2-13

图 2-14

图 2-15

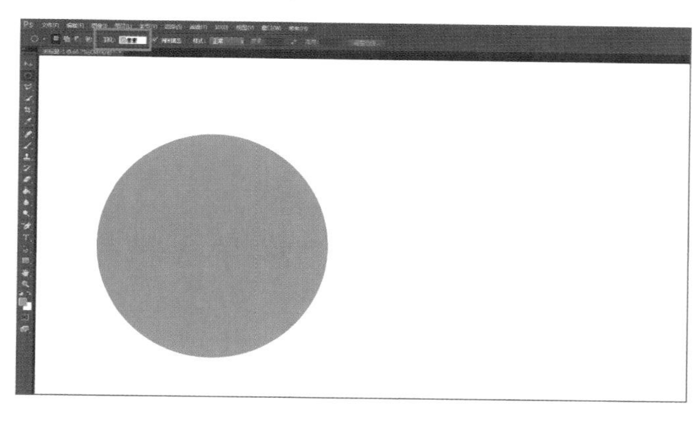

图 2-16

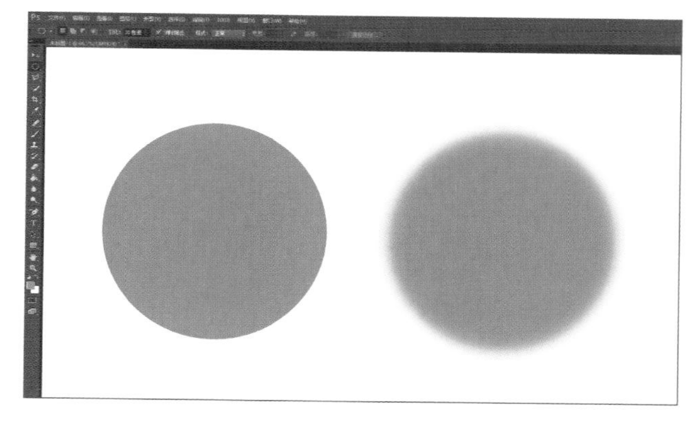

图 2-17

如图 2-18 所示，选择矩形选框工具，当前属性栏中的羽化值为 0 像素，是没有羽化效果的，如果在新建选框后添加羽化效果，可以选择第二种方式。

执行“选择 > 修改 > 羽化”，在弹出的“羽化选区”对话框中输入羽化值为 20 像素，如图 2-19 所示。可以看到选框有一定圆角和缩小的变化，填上颜色，边缘呈现模糊效果，如图 2-20 所示。

图 2-18

图 2-19

图 2-20

羽化值设定大小与图像大小、分辨率有关。例如羽化值设定为 30 像素，分辨率大的图像边缘羽化不明显，反之则明显。同一图像大小，羽化值有所区分，效果就不相同，如图 2-21 所示。

2.1.3 实战——变化天空

执行“选择 > 色彩范围”，打开“色彩范围”对话框，如图 2-22 所示。

图 2-21

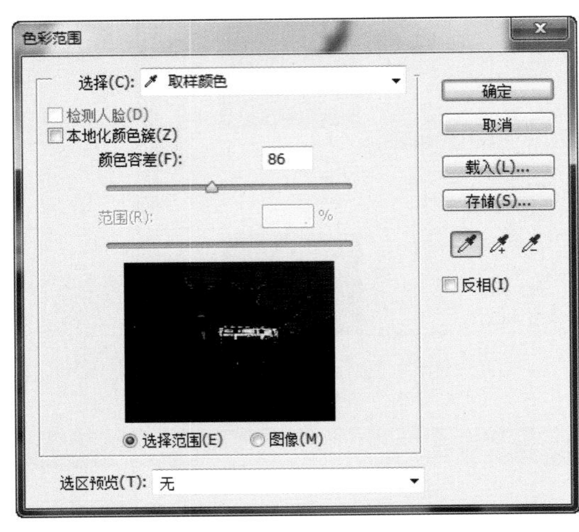

图 2-22

检测人脸：开启检测人脸功能可更准确地选择肤色，但是不支持 CMYK 模式图片。

本地化颜色簇：使用取样工具并按住 Shift 键或者使用【添加到取样】工具选择多个颜色范围，此选项可构建更加精确的选区。

颜色容差：可以移动滑块或者输入数值来调整颜色的选择范围，较低的数值可以减少色彩范围（比较精确），较高的数值可以增加色彩范围。

选择范围：预览对图像中的颜色进行取样而得到的选区。白色区域是选定的范围，黑色区域是未选定的范围，灰色区域是部分选择范围。

拍照时天空无云或者阴天，怎么办？通过学习我们可以处理一下图 2-23 所示的原图，最终效果如图 2-24 所示。

图 2-23

图 2-24

⊙步骤 1

打开素材“毕业”，如图 2-23 所示。执行“选择 > 色彩范围”，打开“色彩范围”对话框，设置颜色容差为 20 并用“添加到取样”工具对背景范围进行选取，如图 2-25 所示。

⊙**步骤 2**

在“色彩范围”对话框中单击“确定”按钮，即可获得选区，如图 2-26 所示。放大图片，会发现有些区域没有选择到，如图 2-27 所示，可以选择合适的选取工具进行调整，如图 2-28 所示。

图 2-25

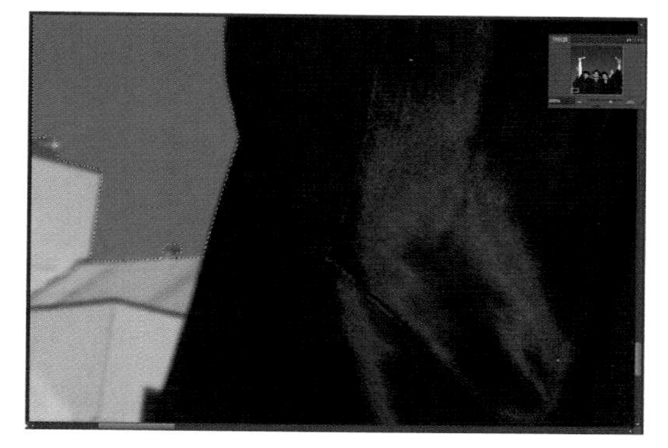

图 2-26

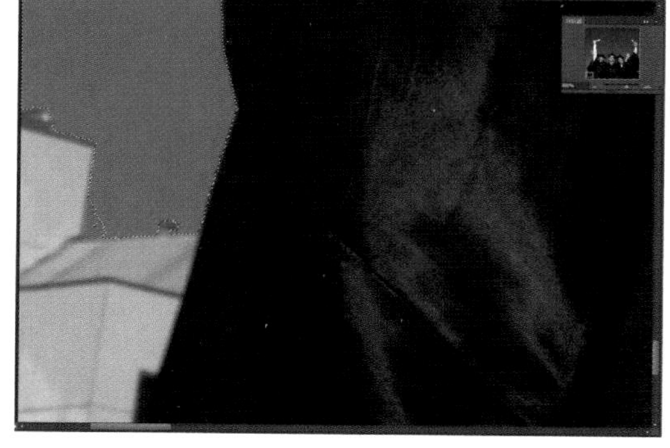

图 2-27

图 2-28

⊙**步骤 3**

打开素材“天空”，如图 2-29 所示。按快捷键 Ctrl+A，全选整幅图，如图 2-30 所示，按快捷键 Ctrl+C 进行复制。

图 2-29

图 2-30

⊙ 步骤 4

如图 2–31 所示，切换到步骤 2 的画面，执行“编辑 > 选择性粘贴 > 贴入”，形成蒙版效果（素材“天空”被粘贴到相应位置），如图 2–32 所示。

图 2–31

⊙ 步骤 5

用移动工具可以调整云彩的位置，最终效果如图 2–33 所示。

图 2–32

图 2–33

2.2 绘制图像工具

在 Photoshop 中，可以使用画笔工具、历史画笔工具和橡皮擦工具等来绘制图像。只有了解并掌握各种绘图工具的功能与操作方法，才能更好地绘制出想要的效果。

2.2.1 绘制的基本操作

1. 画笔工具和铅笔工具

【画笔预设】如图2–34所示，可以设定画笔的大小、硬度和样式，右上角的设定选项里可以载入系统自带的画笔样式。

【画笔面板】可以切换出画笔面板，如图2–35所示。

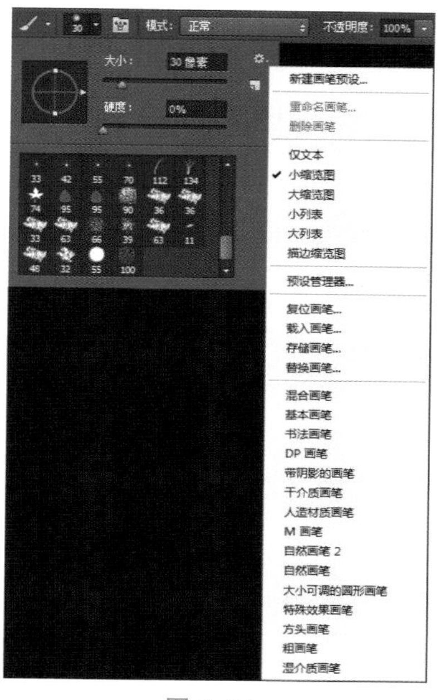

图 2–34

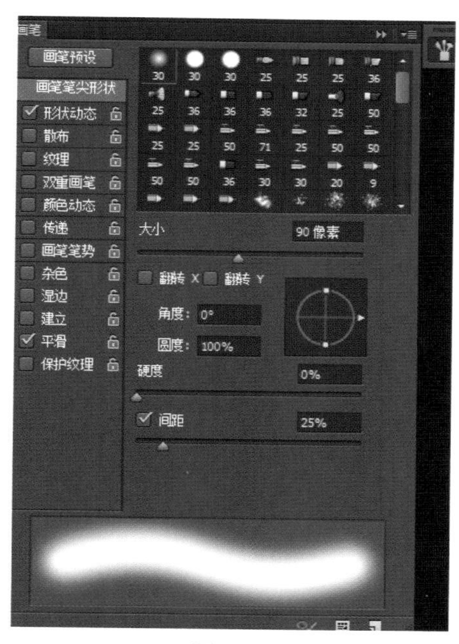

图 2–35

大小：画笔预览下方的数字不是编号，而是画笔大小数值，可以拖动滑块或者直接设定数值来调节画笔大小。

翻转有以垂直或水平为轴进行翻转，角度指旋转角度，圆度介于0%与100%之间，呈压扁状态。

间距：用画笔画出一条线，它由许多画笔预览图重叠所构成，这里的疏密度由画笔间距决定。

形状动态：可以调整每个画笔的大小和抖动的角度等。

散布：可以设定画笔向四周扩散的角度和数量，使画笔沿着绘制的轨迹进行扩散。

纹理：单击图案浏览可以选择不同图案与原画笔进行叠加，绘制出带纹理的效果。

双重画笔：可以使线条出现两种画笔的效果，最顶端的模式会出现两种画笔重叠的不同效果。

颜色动态：设定前景色和背景色为反差大的两种颜色，通过设定数值产生的颜色变换方式。

传递：通过设定数值，可以调整画笔线条的不透明度。

画笔笔势：用于调整笔刷的笔尖、侵蚀画笔的角度。

杂色：为当前画笔增加额外的随机杂点。

湿边：可为画笔增添水彩效果。

建立：可以将渐变色调应用于图像，同时模拟传统的喷枪效果。

平滑：在绘制曲线线条时，可以使线条弧度比较平滑。

保护纹理：可以使具有纹理效果的画笔保持纹理和缩放比例一致。

模式：设置画笔的绘图模式，即绘画时的颜色与当前颜色的混合模式。

不透明度：使用画笔工具时所绘颜色的不透明度，设定值越小，绘制的颜色越浅。

流量：使用画笔绘制颜色的深浅，设定流量较小，则绘制效果如同降低透明度，经过反复涂抹，颜色会逐渐饱和。

提示：铅笔工具在功能运用上与画笔工具类似，铅笔工具比画笔工具更加适合绘制硬边线条。

2. 颜色替换工具

使用颜色替换工具能置换图像中的色彩，并能保留图像中原有材质纹理和明暗关系。图 2–36 所示是其属性栏。

图 2–36

模式：设置替换颜色与图像的混合方式，有“色相”“饱和度”“明度”和“颜色”四种方式。

【取样方式】用于设置所替换图像颜色的取样方式，有“连续”“一次”和”背景色板”三种。

【限制】下拉列表，有“不连续”“连续”和“查找边缘”三种。选择“不连续”时，可以替换光标下任何位置的取样颜色；选择“连续”时，只能替换光标下颜色接近的色彩；选择“查找边缘”时，可以替换与取样点相连的颜色相似区域，它能较好地保留替换位置颜色反差较大的边缘轮廓。

【容差】用于控制替换颜色区域的大小。数值越小，替换颜色越接近取样颜色，替换范围也越小；反之，替换范围越大。

【消除锯齿】勾选此选项，在替换颜色时，图像边缘较为平滑。

下面主要针对颜色替换工具进行练习，更替衣服颜色。打开素材“衣服”，如图 2–37 所示。设定前景色为 C75、M100，模式为色相，取样一次，限制为不连续，容差为 20%，用颜色替换工具对深蓝色上衣进行涂抹（按住鼠标不放进行涂抹），效果如图 2–38 所示。设定前景色为 Y100，模式为饱和度，取样一次，限制为不连续，容差为 20%，用颜色替换工具对深蓝色上衣进行涂抹，效果如图 2–39 所示。设定前景色为 M96、Y95，模式为颜色，取样一次，限制为不连续，容差为 20，用颜色替换工具对深蓝色上衣进行涂抹，效果如图 2–40 所示。

图 2–37

图 2–38

图 2–39

图 2–40

3. 混合器画笔工具

混合器画笔工具是 Photoshop CC 新增加的画笔功能，它是一种把颜色像素进行混合的工具。利用混合器画笔工具对图 2-41 所示原图进行处理，效果如图 2-42 所示。混合器画笔工具属性栏如图 2-43 所示。

图 2-41

图 2-42

图 2-43

【自定】有干燥、湿润、潮湿、非常潮湿等选项。

【潮湿】控制画笔从画布拾取的油彩量，数值越大，产生的绘制线条越长。

【载入】指定储槽中载入的油彩量，载入速率越低，绘制描边干燥的速度越快。

【混合】控制画布油彩量与储槽油彩量的比例。

【流量】控制混合画笔的流量大小。

【对所有图层取样】拾取所有可见图层中的画布颜色。

4. 历史画笔工具

如图 2-44 所示，历史画笔工具包括历史记录画笔工具和历史记录艺术画笔工具，两者相似，区别在于历史记录艺术画笔工具在使用时可以为图像设置不同的颜色和艺术风格。

【历史记录画笔工具】类似于一个还原器，可以使图像在进行画笔涂抹时恢复到某个历史状态下，而未涂抹的区域图像保持不变。

【历史记录艺术画笔工具】选择画笔样式，如“绷紧短”“松散中等”“轻涂”等，设定一定区域和容差数值，可以将图形呈现油画的艺术效果。

2.2.2 擦除工具

擦除工具包括橡皮擦工具、背景橡皮擦工具和魔术橡皮擦工具，如图 2-45 所示。

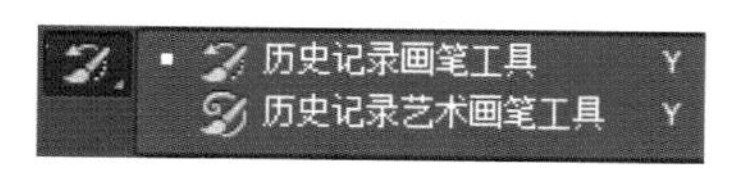

图 2-44

图 2-45

1. 橡皮擦工具

对图 2–46 进行处理，前景色设置为 C75、M25，背景色设置为 M100，如图 2–47 所示，图像在图层锁定状态下进行擦除，擦除的区域显示为背景色，效果如图 2–48 所示。

如图 2–49 所示，双击背景图层进行解锁，再对图像进行擦除，擦除的区域呈现透明状态，效果如图 2–50 所示。

图 2–46

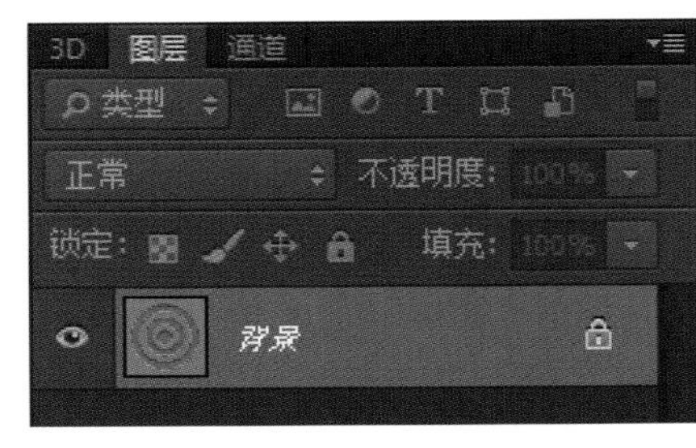

图 2–47

图 2–48

图 2–49

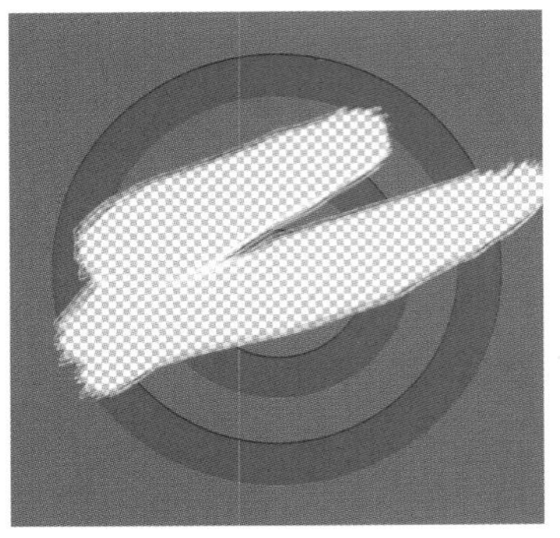
图 2–50

2. 背景橡皮擦工具

背景橡皮擦工具是一种基于色彩差异化的擦除工具。它除了用于擦除图像外，还运用于抠图中。设置背景色后，使用该工具可以在擦除背景的同时保留前景色区域。

选择背景橡皮擦工具，前景色设置为 C75、M25，背景色设置为 M100，选择“取样：连续”，可以连续对蓝色和红色区域取样，进行擦除后效果如图 2–51 所示。选择背景橡皮擦工具，前景色设置为 C75、M25，背景色设置为 M100，选择“取样：一次”，取样蓝色时擦除蓝色区域，反之擦除红色区域，进行擦除后效果如图 2–52 所示。选择背景橡皮擦工具，前景色设置为 C75、M25，背景色设置为 M100，选择“取样：背景色”，目前背景色为红色则擦除红色区域，进行擦除后效果如图 2–53 所示。

3. 魔术橡皮擦工具

魔术橡皮擦工具非常适合于单一色调的背景图像抠图，可以将相似的像素更改为透明。选择魔术橡皮擦工具，前景色设置为 C75、M25，背景色设置为 M100，擦除蓝色区域后效果如图 2–54 所示。

图 2-51

图 2-52

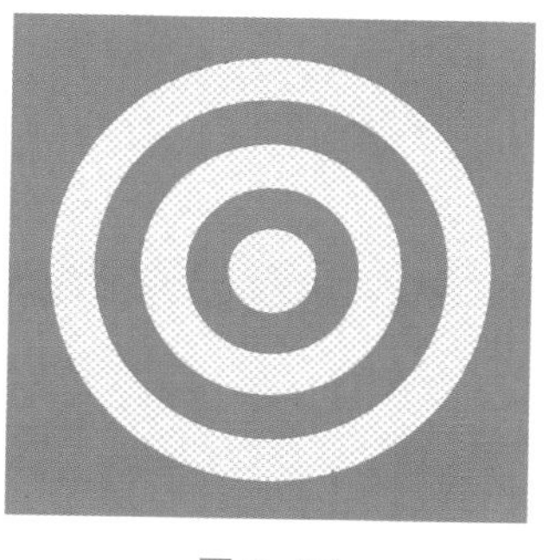
图 2-53

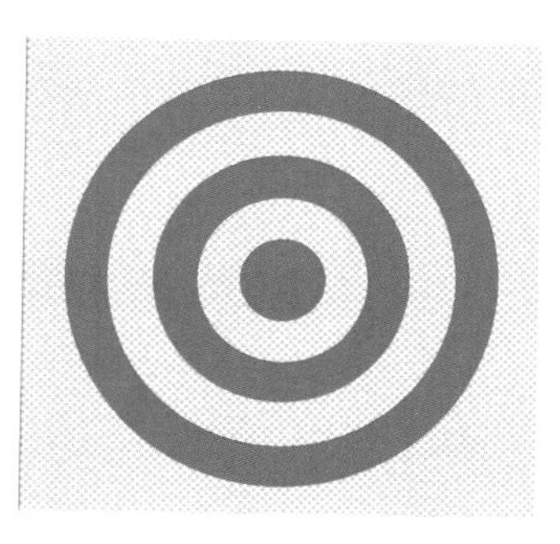
图 2-54

2.2.3 图像填充工具

图像填充工具分别是渐变工具、油漆桶工具和 3D 材质拖放工具，如图 2-55 所示。通过前两种工具可以在指定区域或整个图像中填充纯色、渐变色或者图案等。

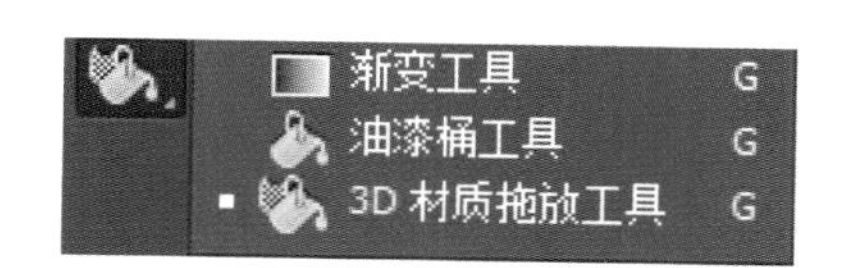

图 2-55

1. 渐变工具

渐变工具不仅可以填充图像，还可以填充选区、图层蒙版、快速蒙版和通道等（不能用于位图或者索引图像）。前景色为 M72，背景色为 M100、Y50、K40，其选项栏如图 2-56 所示。

图 2-56

【渐变颜色条】单击选项栏上渐变颜色条旁边的下拉按钮，出现一个渐变预设面板，如图 2-57 所示。第一个小方格显示的渐变色为前景色到背景色的渐变，第二个小方格显示的渐变色是前景色到透明色的渐变，其余为默认选项。

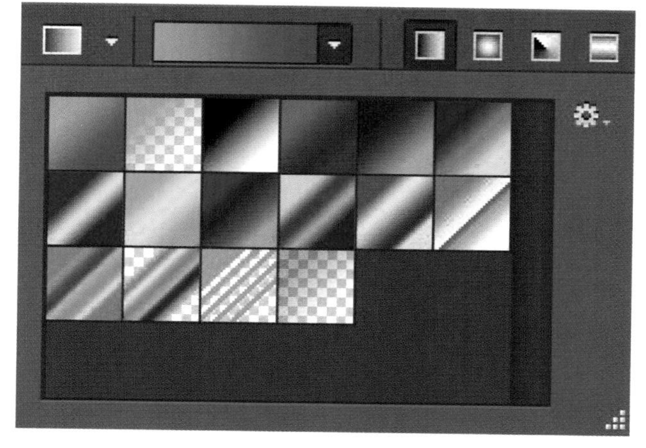
图 2-57

【渐变编辑器】单击渐变颜色条，会出现渐变编辑器，如图 2–58 所示。在预设的颜色块中选择“透明彩虹”渐变，渐变颜色条上方为“色标”不透明度和位置，如图 2–59 所示。渐变颜色条下方为“色标”颜色和位置，如图 2–60 所示。

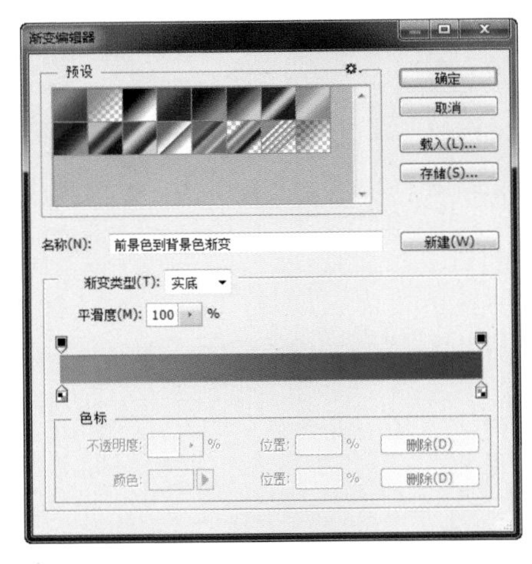
图 2–58

图 2–59

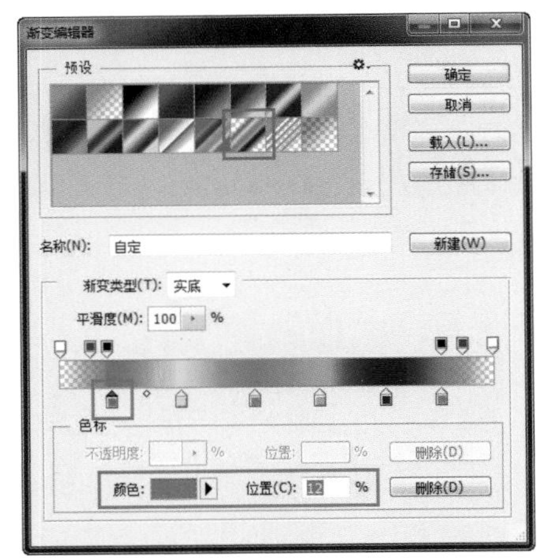
图 2–60

【渐变类型】一共五种，分别为“线性渐变”“径向渐变”“角度渐变”“对称渐变”“菱形渐变”，渐变效果（依次）如图 2–61 所示。

图 2–61

2. 油漆桶工具

油漆桶工具可以在图像中填充前景色或图案。图案除了默认外，还可以添加。图案默认为一个个小方格在画布中进行填充，其实就是将小方格在画布中重复并排列，画布越大，复制数量越多，图案越密集，画布小则图案数量少。

3. 3D 材质拖放工具

打开“3D 材质”，如图 2–62 所示。用 3D 材质拖放工具选择相应材质，如图 2–63 所示。填充后效果，如图 2–64 所示。

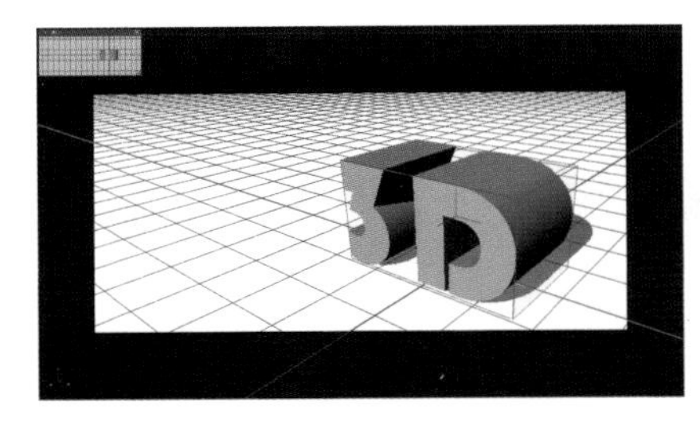
图 2–62

图 2–63

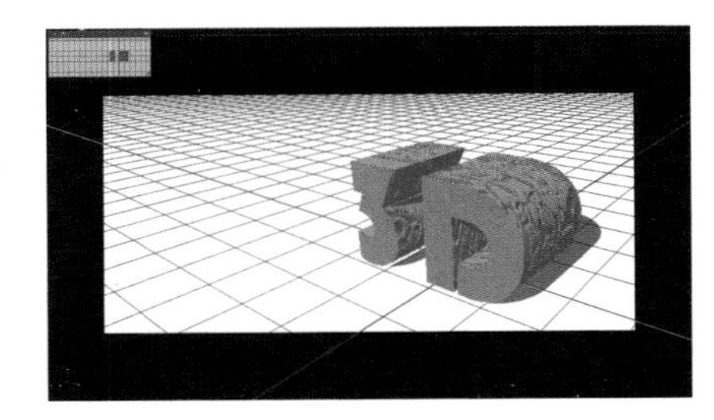
图 2–64

2.2.4 实战——珍珠

用画笔工具和图层样式来打造一款珍珠项链。

⊙步骤 1

打开素材“衬布”，如图 2-65 所示。选择画笔工具，设定画笔为边缘光滑的画笔，大小为 30 像素，间距为 106%，如图 2-66 所示。

图 2-65

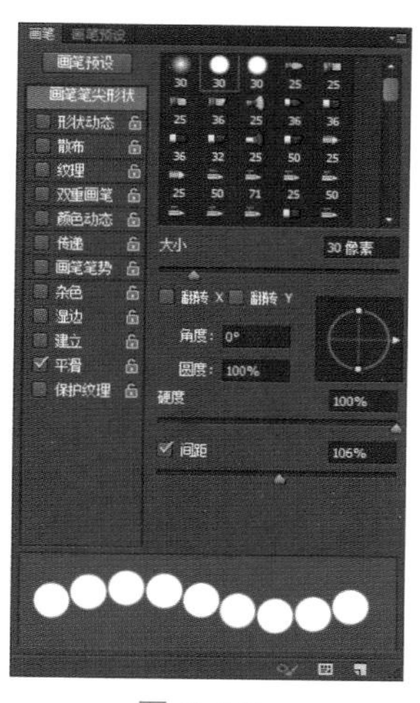

图 2-66

⊙步骤 2

设定前景色为白色，新建一个图层 1，如图 2-67 所示。如图 2-68 所示，用画笔工具在画面中画出一串项链。（由于每个人画的轨迹不同，项链总长度不同，珍珠数量也不同，如遇珍珠重叠的现象，可以重新画。）

图 2-67

图 2-68

⊙步骤 3

给图层 1 加上图层样式，有斜面和浮雕、等高线、内发光、光泽、投影。图 2-69 所示为斜面和浮雕的设置，“样式”为内斜面，“方法”为雕刻清晰，“深度”为 810%，“大小”为 8 像素，“软化”为 4 像素，阴影角度为 -60 度，阴影高度为 65 度，“光泽等高线”设置如图 2-70 所示。“高光模式”为滤色，“不透明度”为 89%，“阴影模式”为正片叠底，“不透明度”为 30%。

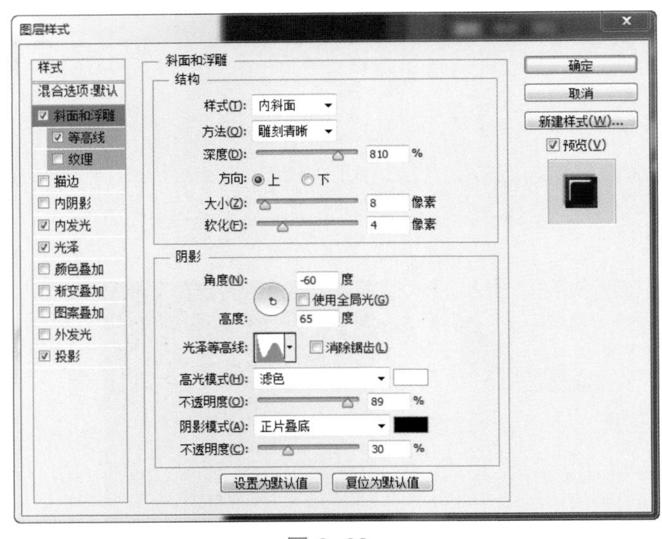

图 2-69

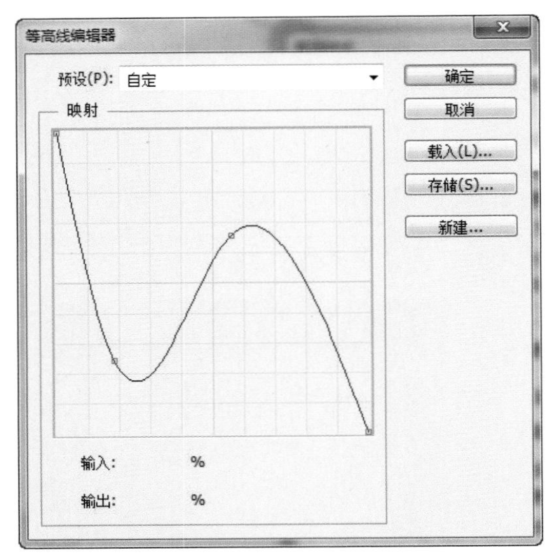

图 2-70

⊙步骤 4

图 2-71 所示为等高线的设置，“等高线编辑器”对话框如图 2-72 所示，范围为 50%。

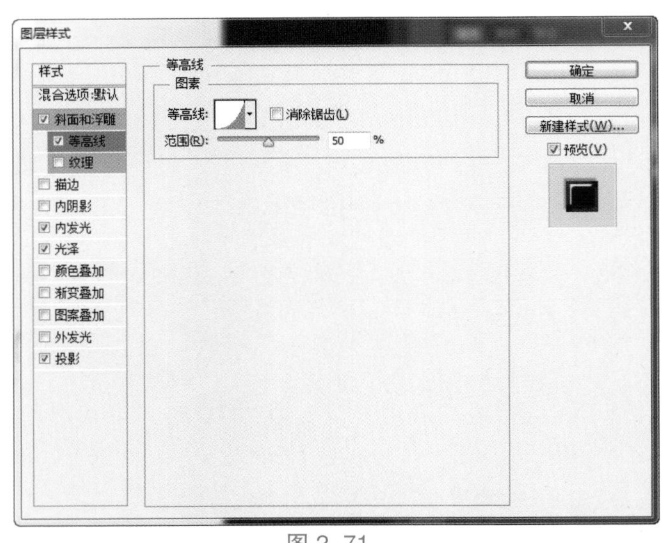

图 2-71

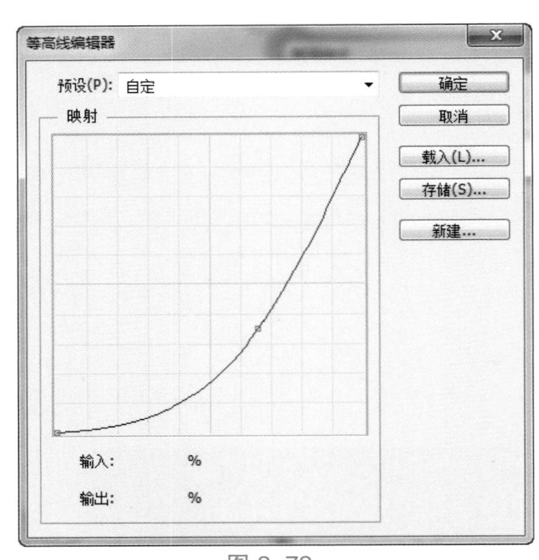

图 2-72

⊙步骤 5

图 2-73 所示为内发光的设置，“混合模式”为正片叠底，“不透明度”为 10%，“杂色”为 0%，颜色为黑白渐变色，如图 2-74 所示。图素方法为柔和，“阻塞”为 0%，“大小”为 16 像素。品质范围为 50%，“抖动”为 0%。

⊙步骤 6

图 2-75 所示为光泽的设置，“混合模式”为颜色加深，颜色设定为 C6、M95、Y88。“不透明度”为 85%，“角度”为 135 度，“距离”为 5 像素，“大小”为 9 像素，“等高线”设置如图 2-76 所示。

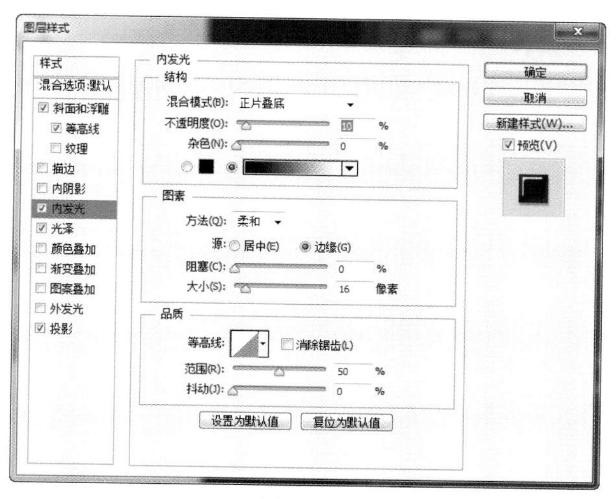

图 2-73

图 2-74

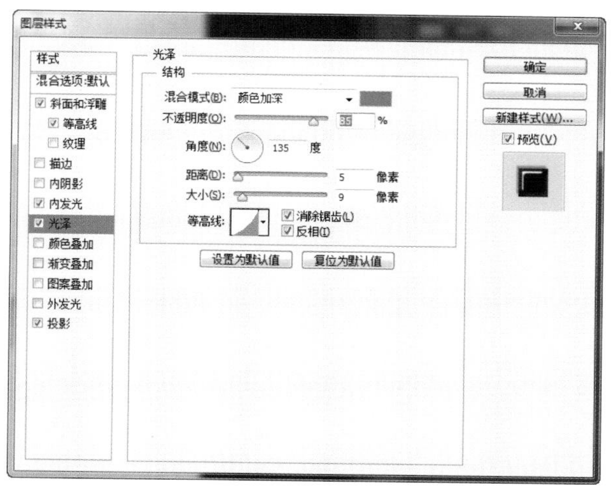

图 2-75

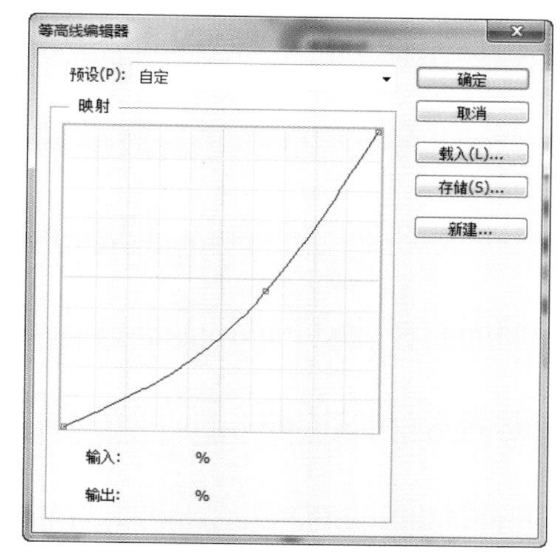

图 2-76

⊙**步骤 7**

图 2-77 所示为投影的设置，“混合模式”为正片叠底，颜色为黑色。“不透明度”为 32%，“角度”为 117 度，使用全局光。“距离”为 4 像素，“扩展”为 0%，“大小”为 3 像素，“杂色”为 0%，效果如图 2-78 所示。

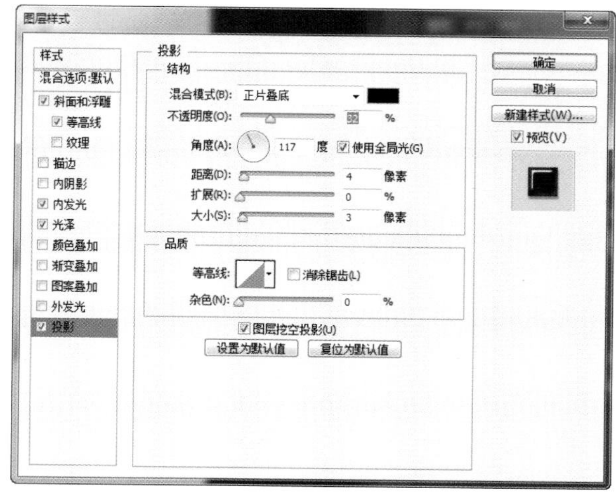

图 2-77

图 2-78

⊙步骤 8

如图 2-79 所示，新建图层 2，用画笔工具画一颗散落的珍珠，如图 2-80 所示。

图 2-79

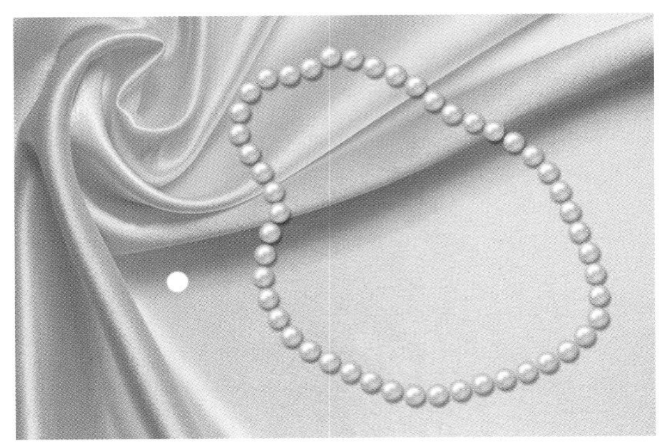

图 2-80

⊙步骤 9

右键单击图层 1，出现选项，单击“拷贝图层样式”，如图 2-81 所示。右键单击图层 2，出现选项（见图 2-82），单击“粘贴图像样式”，结果如图 2-83 所示。

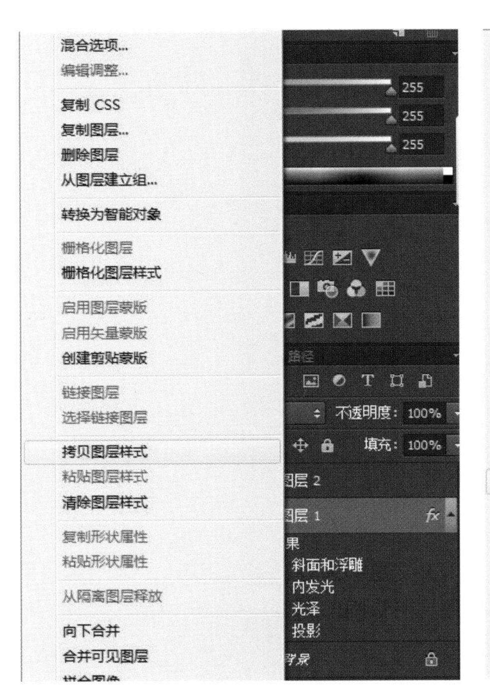

图 2-81

图 2-82

图 2-83

⊙步骤 10

图层 2 粘贴样式后的效果，如图 2-84 所示。

⊙步骤 11

用移动工具单击图层 2，按住快捷键 Alt，移动并复制若干散落的珍珠，效果如图 2-85 所示，图层显示如图 2-86 所示。

⊙步骤 12

读者自己试试调节一下设置的选项和数值，会有不一样的效果，如图 2-87 所示。

图 2-84

图 2-85

图 2-86

图 2-87

2.3 调整图像色彩

2.3.1 选择颜色

在 Photoshop 中进行操作时，可以通过不同的方式来选区颜色，主要包括使用吸取工具、颜色面板、色彩面板、前景色与背景色等。

1. 前景色和背景色

在编辑图像时我们都会对颜色进行设置，前景色和背景色是常常使用的，如图 2-88 所示。在默认状态（快捷键为 D）下，前景色为黑色，背景色为白色，切换前景色与背景色的快捷键为 X。单击“前景色”和“背景色”

图标，打开拾色器对话框。在拾色器对话框中，可以通过多种方式来选定颜色，如图 2–89 所示。

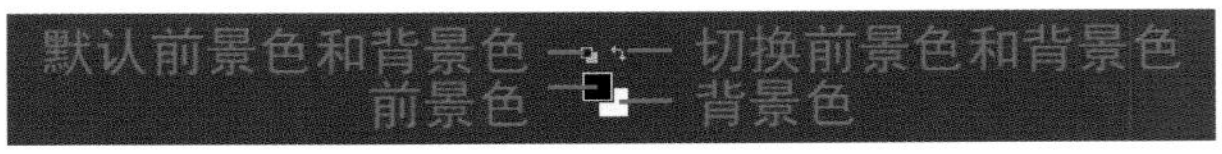

默认前景色和背景色 切换前景色和背景色
前景色 背景色

图 2–88

【色域】在色域中拖动鼠标，可以改变拾取的颜色，拾取的颜色显示为“新的”，以前的颜色为“当前”。

【颜色滑块】拖动颜色滑块可以改变所选颜色的范围。

【颜色值】可以选择用 HSB、RGB、Lab、网页颜色代码 # 和 CMYK 等 5 种颜色模式，直接输入相应数值可以精确选择颜色。

2. 颜色面板

选择“窗口 > 颜色”，打开颜色面板，如图 2–90 所示。

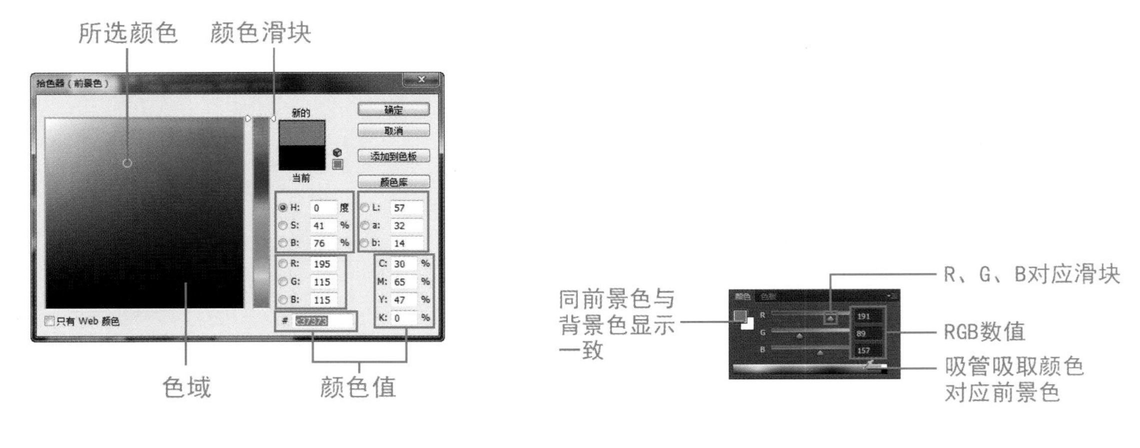

图 2–89 图 2–90

【前景色与背景色】左边两个色块对应前景色和背景色。

【颜色滑块】拖动 R、G、B 对应的滑块可以调整前景色。

【RGB 数值】输入相应数值，可以精确选择颜色。

【颜色条】单击颜色条，鼠标变成吸管工具，选择的颜色对应显示为前景色。

3. 色板面板

选择“窗口 > 色板”，打开色板面板，单击相应的颜色可以设置前景色，如图 2–91 所示。单击右侧上方按钮，可以选择更多颜色色板。

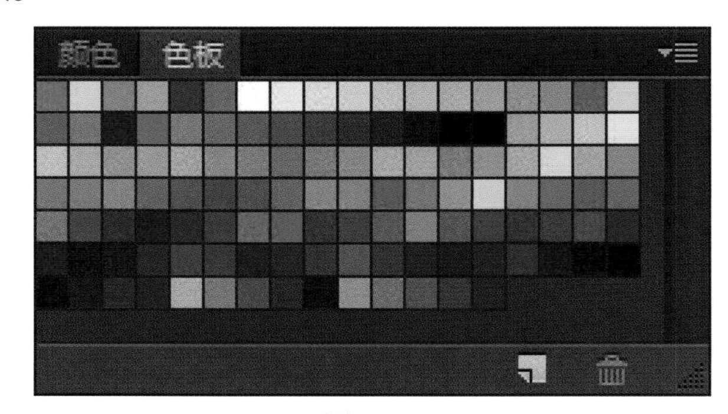

图 2–91

2.3.2 色彩的一般调整

色彩是构成图像的重要元素之一，使用色彩调整命令对图像的亮度、对比度和曲线等进行调整，可让图像呈现全新的面貌。

【色阶】表示图像亮度强弱的指数标准，可以对图像进行明暗对比的调整。图像色彩丰满度和精细度是由色阶决定的。执行“图像 > 调整 > 色阶”（快捷键 Ctrl+L），弹出“色阶”对话框。

通道：“通道”下拉列表中显示相应通道，可以根据需要调整图像整个通道或者单个通道。

输入色阶：黑、灰和白色滑块分别代表图像中的暗调、中间调和高光。

输出色阶：用于调整图像的亮度和对比度。

【曲线】通过调整曲线的斜率和形状来对图像色彩、亮度和对比度进行综合调整。执行“图像 > 调整 > 曲线”（快捷键 Ctrl+M），弹出“曲线”对话框。

【亮度 / 对比度】可以对图像进行亮度变更，也可以调节对比度，如删减中间的像素色彩值来加强图像的对比度。执行“图像 > 调整 > 亮度 / 对比度”，弹出“亮度 / 对比度”对话框。

【曝光度】通过“曝光度”“位移”“灰度系数”3 个参数调整照片中常见的曝光过度与曝光不足等问题。执行“图像 > 调整 > 亮度 / 曝光度”，弹出“曝光度”对话框。向左移动滑块可以降低曝光度，向右移动滑块可以增强曝光度。

位移：主要对阴影和中间色调起作用，对高光基本不会产生影响。

灰度系数矫正：使用一种乘方函数来调整图像灰度系数。

【自然饱和度】与“色相 / 饱和度”相似，都可以针对图像饱和度进行调整；区别在于自然饱和度可以有效避免颜色过于饱和而溢色的现象。执行“图像 > 调整 > 自然饱和度”，弹出“自然饱和度”对话框。

【色相 / 饱和度】调整图片中的色相、饱和度和亮度。执行“图像 > 调整 > 色相 / 饱和度”（快捷键 Ctrl+U），弹出“色相 / 饱和度”对话框。

【色彩平衡】可以控制图像颜色的分布，执行“图像 > 调整 > 色相 / 色彩平衡”（快捷键 Ctrl+B），弹出“色相 / 色彩平衡”对话框。

“黑白”与“去色”都是去掉所有颜色，只保留图像中的黑白灰关系；区别于“去色”丢失了很多细节，而“黑白”则可以通过参数的设置调整各个颜色在黑白图像中的亮度。执行“图像 > 调整 > 黑白”（快捷键 Shift+Ctrl+Alt+U），弹出“黑白”对话框。

【照片滤镜】可以模仿相机滤镜，使用该选项可以调节图片冷暖的效果。执行“图像 > 调整 > 照片滤镜”，弹出“照片滤镜”对话框。

【通道混合器】可以对图像的某一个通道的颜色进行调整，形成不同色调的图像，同时也可以产生品质高的灰度图像。执行“图像 > 调整 > 通道混合器”，弹出“通道混合器”对话框。预设里有 6 种设定的黑白效果，分别是红外线的黑白（RCB）、使用蓝色滤镜的黑白（RCB）、使用绿色滤镜的黑白（RCB）、使用橙色滤镜的黑白（RCB）、使用红色滤镜的黑白（RCB）、使用黄色滤镜的黑白（RCB）。

2.3.3 色彩的特殊调整

相对于一般色彩调整，特殊调整要复杂些，通过渐变映射、匹配颜色和替换颜色等调整命令，呈现图像不同的效果。

【反相】可将图像中的某些颜色转换为它的补色，即原来的黑色变成白色，白色变成黑色，从而呈现负片的效果。对图 2–92 执行“图像 > 调整 > 反相”（快捷键 Ctrl+I），效果如图 2–93 所示。

图 2–92

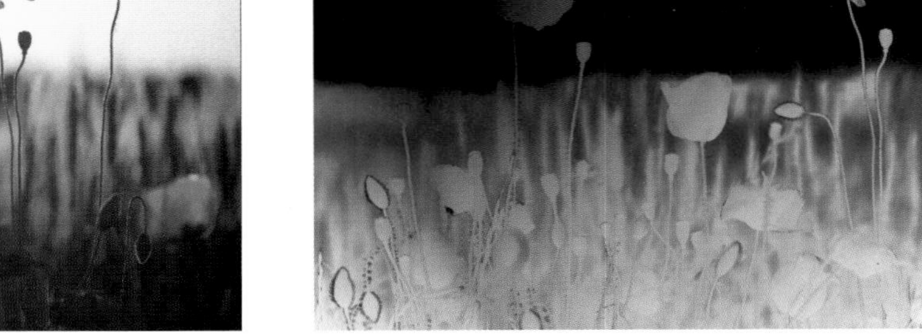
图 2–93

【色调分离】可以指定图像中每个通道的色调级数目或亮度值，然后将像素映射到最接近的匹配级别。执行“图像 > 调整 > 色调分离”，弹出“色调分离”对话框，色阶数值越小，分离效果越明显。

【阈值】可以将图像转换成只有黑白两种色调的图像，对图 2–94 执行“图像 > 调整 > 阈值”，弹出“阈值”对话框，效果如图 2–95 所示。

图 2–94

图 2–95

【渐变映射】可以使相等的图像灰度范围映射到指定的渐变填充色。对图 2–96 执行“图像 > 调整 > 渐变映射”，弹出“渐变映射”对话框（见图 2–97），效果如图 2–98 所示。选择不同的颜色，呈现不同的效果。

图 2–96

图 2–97

图 2–98

【可选颜色】可以调整图像每个主要原色成分中的印刷色数量，但是不影响其他的主要颜色。执行“图像 > 调整 > 可选颜色”，弹出“可选颜色”对话框。

【阴影 / 高光】基于阴影或高光中的局部相邻像素增亮或变暗，不是简单地使图像变亮或变暗，其默认设置可以有效修复具有逆光问题的图像。执行“图像 > 调整 > 阴影 / 高光”，弹出“阴影 / 高光”对话框。

【HDR 色调】HDR 的全称是 high dynamic range，即高动态范围，可以用来修补太亮或太暗的图像。执行“图像 > 调整 >HDR 色调”，弹出“HDR 色调”对话框。

【变化】是一个简单而直观的图像调整命令，执行“图像 > 调整 > 变化”，弹出“变化”对话框（见图 2-99），单击图像的浏览图便可以调整色彩平衡、对比度和饱和度，并可以观察到原图和调整图的对比效果，单击多次可以叠加效果。

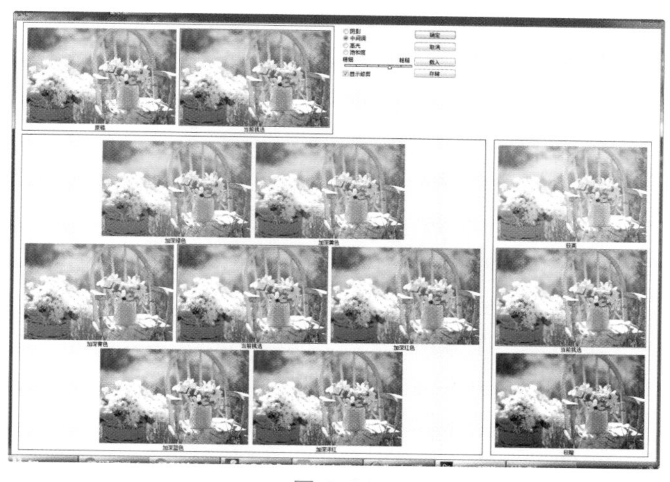

图 2-99

【匹配颜色】可以匹配不同图像之间、多个图层之间或者多个颜色选区之间的颜色，通过更改图像的亮度、色彩范围来调整图像中的颜色。简单而言，匹配颜色就是将一个图像作为源图像，另一个图像作为目标图像，然后以目标图像的颜色与源图像的颜色进行匹配。图 2-100 和图 2-101 分别是源图像和目标图像，执行“图像 > 调整 > 匹配颜色”，弹出“匹配颜色”对话框（见图 2-102），设置明亮度为 67，颜色强度为 73，渐隐为 25，源选择“源图像 .jpg”，最终效果如图 2-103 所示。

【替换颜色】可以将图像中选定颜色的色相、饱和度和明度进行替换，替换成其他颜色。执行“图像 > 调整 > 替换颜色”，弹出“替换颜色”对话框。

图 2-100

图 2-101

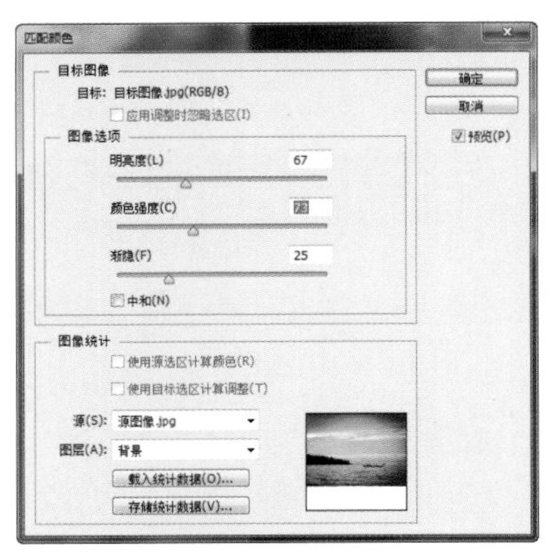

图 2-102

图 2-103

【色调均化】能重新分布图像中的亮度值，以便更均匀地呈现所有范围的亮度级。一般是图像中最亮值呈现为白色，最暗值呈现为黑色，中间值则均匀地分布在整个灰度色调中。对图 2-104 执行“图像 > 调整 > 色调均化”，效果如图 2-105 所示。

图 2-104

图 2-105

2.3.4 实战——怀旧照片

在一张照片中如何突出重点，除了模拟景深以外，在饱和度上进行适当调整也可以达到强化主体的目的。

⊙步骤 1

打开素材“花”，如图 2-106 所示。在图层面板下方创建“色相 / 饱和度”，如图 2-107 所示。

⊙步骤 2

打开属性面板色相 / 饱和度页面（见图 2-108），设置饱和度为 -100，图像效果如图 2-109 所示。

图 2-106

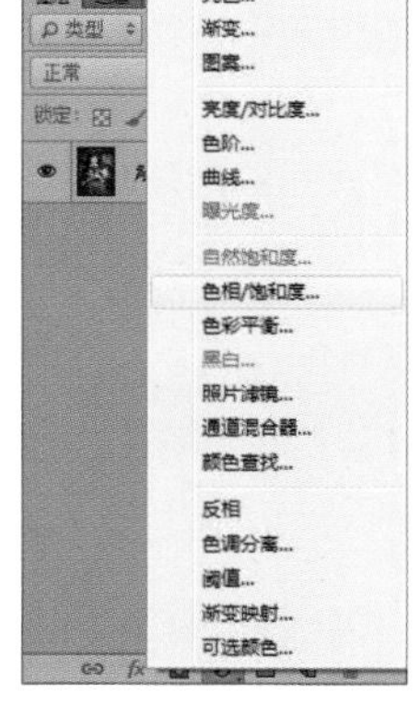

图 2-107

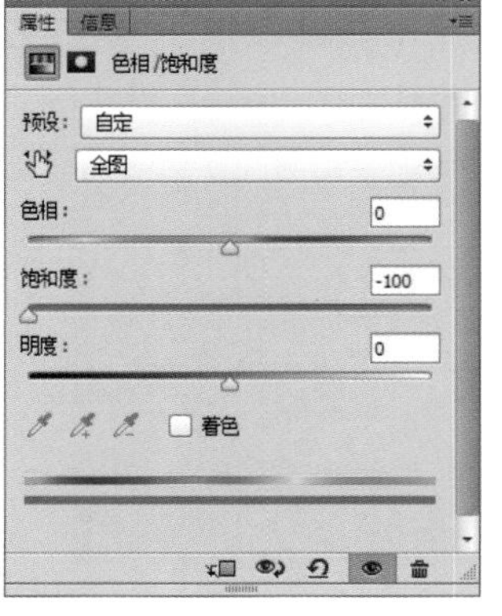

图 2-108

图 2-109

⊙步骤 3

选择图层面板中“色相/饱和度 1”白块部分，如图 2–110 所示，设置画笔工具为模糊边缘和适当大小，设定前景色为黑色。在人物图像中手捧花部分进行涂抹，图层显示如图 2–111 所示。

⊙步骤 4

调整后的最终效果如图 2–112 所示。

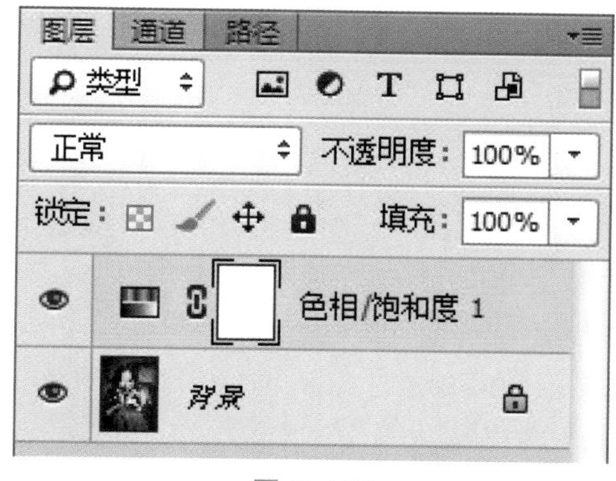

图 2–110

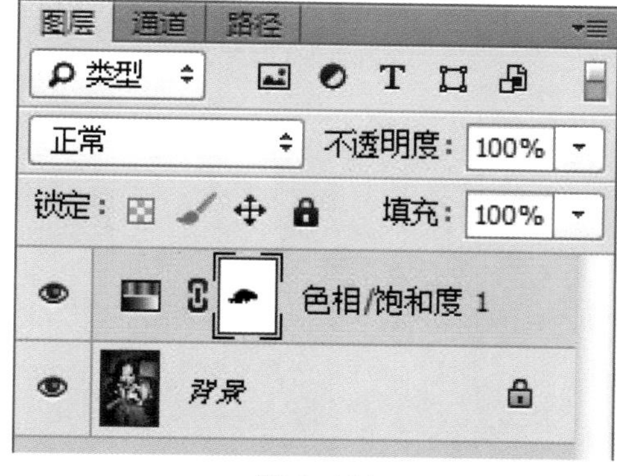

图 2–111

图 2–112

2.4 修饰图像工具

Photoshop 中包含一些用于修饰图像的工具，如仿制图章工具、修补工具、红眼工具等，使用这些工具可以便捷地处理图像中的瑕疵。

2.4.1 图章工具

图章工具包括仿制图章工具和图案图章工具，如图 2–113 所示。

1. 仿制图章工具

仿制图章工具可以将图像中任意区域的图像通过涂抹绘制到这个图像文件的其他任何区域，也可以将一个图层的某个部分绘制到另外一个图层，常用于处理图像局部效果。仿制图章工具可以配合仿制源面板一起使用，选择“窗口 > 仿制源”，打开仿制源面板，如图 2–114 所示。

【仿制源】按下“仿制源”按钮，使用仿制图章工具并按住 Alt 键，单击图像进行取样（在鼠标单击的位置取样，涂抹时就是以取样图像的位置展开），取样后在图像中进行涂抹。切换面板上的仿制源按钮，采用相同的方法最多可以设置 5 个不同的取样点。

仿制图章工具对图像取样简单而言就是复制图像，涂抹就是粘贴图像，但是它比单纯的复制粘贴更加有艺

术效果。配合仿制图章工具里的不同画笔样式，涂抹的效果也会不同。涂抹需要按住鼠标左键一次性完成，放开后再次单击鼠标再次涂抹会形成第二次粘贴效果。

图 2–113

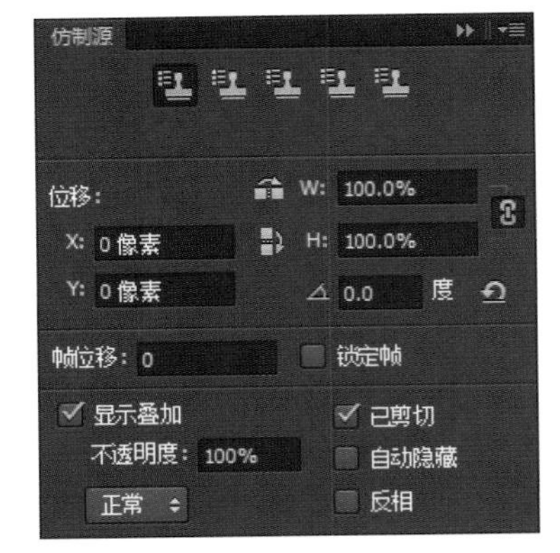

图 2–114

2. 图案图章工具

图案图章工具可以选择默认图案，也可以加载其他图案。使用图案图章工具进行绘图，其效果与画布大小、像素和画笔有关。同样选择“石头”图案，图 2–115 和图 2–116 两幅图的效果不一样，因为其效果取决于画布大小中复制了多少“石头”图案。图案图章工具里的图案大小和像素是固定的，画布越大复制图像越多。

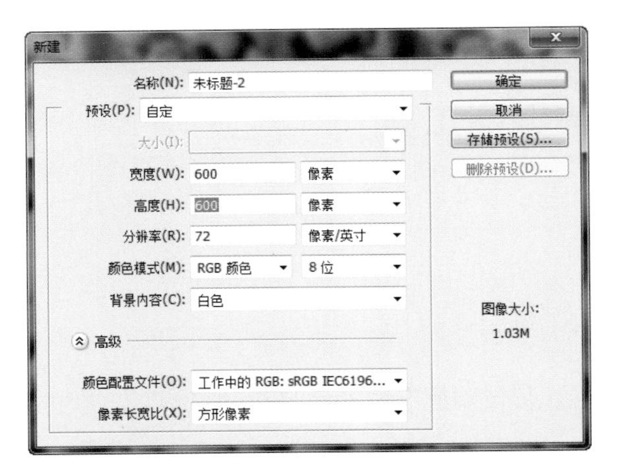

图 2–115

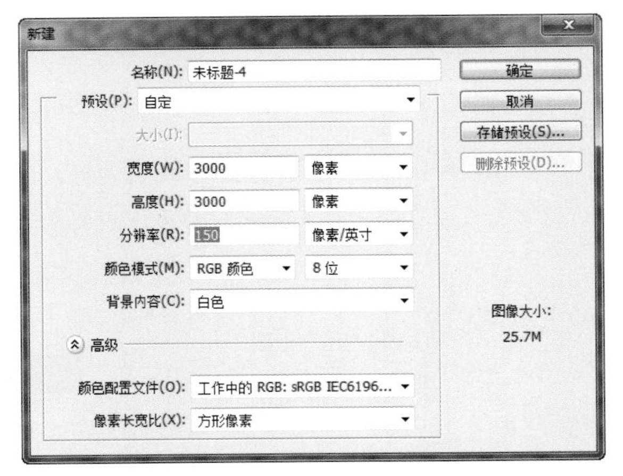

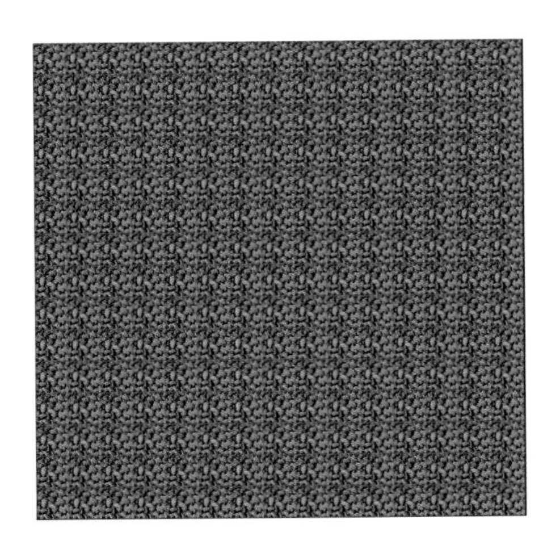

图 2–116

2.4.2 修饰图像工具

修饰图像工具包含污点修复画笔工具、修复画笔工具、修补工具、内容感知移动工具和红眼工具。

【污点修复画笔工具】可将图像纹理、光照和阴影等与修复的图像进行匹配，快速去掉图像中的污点、划痕等。该工具不需要取样和定义样本，只需要确定所需修补的图像位置并进行涂抹。

模式：可以设置修复图像时使用哪种合适的混合模式，除了“正常”“正片叠底”等常用模式外，还包含“替换”模式。“替换”模式可以保留笔画描边的边缘处的杂色、胶片颗粒和纹理。

类型：选择“近似匹配”可以使用选区边缘周围的像素来查找要用做选定区域修补的图像区域；选择“创建纹理”可以使用选区中所有的像素来创建一个用于修复该区域的纹理；选择“内容识别”可以使选区附近的图像内容不留痕迹地填充选区，同时保留图像原有的光阴。

对所有图层取样：勾选该复选框，可使取样范围扩展到图像中所有的可见图层。

【修复画笔工具】与污点修复画笔工具类似，最根本区别在于修复画笔工具在修复前需要取样；与图章工具也相似，区别在于修复画笔工具可以将样本像素的纹理、光照、透明度、阴影与所需要修复的像素进行匹配，从而使修复后的像素不留痕迹地融入所需要修复的图像中。

画笔：可以在“画笔预设”下拉列表中设置画笔的粗细、强度、间距、角度和圆度等属性。

源：设计用于修复像素的来源，选中“取样”单选按钮时，可以使用当前图像的像素来修复图像；选中“图案”单击按钮时，可以使用图案作为取样点。

对齐：选中该选项，可以连续对像素进行取样，即使释放鼠标也不会丢失当前的取样点。取消该选项，在修复过程中始终以一个取样点为起始点，重新开始复制图像。

样本：用来设置从指定的图层中进行数据的取样，包括当前图层、当前的下方图层、所有图层。

【修补工具】与修复画笔工具类似，是把选区工具和修饰图像工具相结合的一个工具。修补工具的取样是用其选定的一个区域来对图像进行修补。

选区模式：与选区工具一样，按下相应按钮可切换为一般选区模式、相加选区模式、相减选区模式和相交选区模式。

源：勾选此选项，可以将选区内的图像作为源图像，按住鼠标左键拖动源图像到目标图像上，则源图像将被目标图像覆盖。

目标：此选项与“源”选项正好相反，可以将选区内的图像作为目标图像，拖移到相应位置后，该位置的图像被目标图像覆盖。

透明：勾选此选项，可以使修补的图像与原图像产生透明的叠加效果。

使用图案：选择一个图案，单击“使用图案”，可以修补选区内的图像。

【内容感知移动工具】与修补工具类似，可以通过选择选区快速地移动图像中的某个部分，放在适当的位置，产色重构图像的效果。

模式：包含“移动”和“扩展”两个选项。“移动”选项能实现移动后空隙位置的智能修复。如图 2-117 所示，在选择“移动”选项以后进行框选，选区如图 2-118 所示，然后将其移动到左侧适当位置，放开鼠标后取消选择，效果如图 2-119 所示。“扩展”选项能实现选区复制并使复制后的边缘自动柔和化，与周边相融合。对图 2-118 所示选区应用“扩展”选项后移动的效果如图 2-120 所示。

图 2-117

图 2-118

图 2-119

图 2-120

适应：其下拉菜单中有“非常严格”“严格”“中”“松散”“非常松散”五个功能，主要用来设定运用“移动”和“扩展”两个选项后修复的效果。

【红眼工具】在昏暗处进行人物拍照时，拍出的人物眼睛很容易泛红，这种现象称为红眼现象。红眼工具可以设定瞳孔大小和变暗程度，用其单击图 2-121 中的眼睛可以去除闪光灯导致的红色反光，效果如图 2-122 所示。

图 2-121

图 2-122

2.4.3 图像润饰工具

图像润饰工具包含模糊工具、锐化工具、涂抹工具、减淡工具、加深工具和海绵工具 6 个工具，主要对图案局部进行修饰处理。

【模糊工具】可以降低图像中相邻像素之间的对比度，使图像边缘区域变得柔和，从而产生一种模糊的效果。模糊工具还可以柔化图像中某个部分突出的边缘，使之更好地与背景融合。

画笔：模糊画笔设置的硬度、大小等参数。

模式：可以设置模糊工具的混合模式，包括“正常”“变暗”“色相”“饱和度”“颜色”和“明度”。

强度：拖动滑块或者直接输入数值，可以设置笔触的强弱程度。

对所有图层取样：勾选该选项时，可对所有可见图层进行模糊化处理。

【锐化工具】可以增强相邻像素的对比程度，提高图像的清晰度。如果锐化工具处理过度，则会出现失真效果。

画笔：锐化画笔设置的硬度、大小等参数。

模式：可以设置锐化工具的混合模式，包括“正常”“变暗”“色相”“饱和度”“颜色”和“明度”。

强度：拖动滑块或者直接输入数值，可以设置笔触的强弱程度。

对所有图层取样：勾选该选项时，可对所有可见图层进行锐化处理。

保护细节：勾选该选项时，可增强细节并弱化像素化产生的不自然现象。如果要设置夸张的对比度，可以取消该选项。

【涂抹工具】模仿手指绘制效果，在单击处进行拖拽，会使得单击处的颜色与经过的轨迹颜色相融合而模糊。

画笔：涂抹画笔设置的硬度、大小等参数。

模式：可以设置涂抹工具的混合模式，包括“正常”“变暗”“色相”“饱和度”“颜色”和“明度”。

强度：拖动滑块或者直接输入数值，可以设置笔触的强弱程度。

手指绘图：勾选该选项时，可使用前景色进行涂抹绘制。

【减淡工具】和【加深工具】可以用来调整图像的曝光度，使图像变暗或者变亮。

画笔：设置画笔的硬度、大小等参数。

范围：在下拉列表中选择操作区域的色调范围，有“阴影”“中间调”和“高光”。选择“阴影”选项可以调整图像的暗色调，选择“中间调”选项可以调整图像的中间调，选择“高光”选项可以调整图像的亮部色调。

曝光度：拖动滑块或者直接输入数值，可以控制工具在操作时的曝光程度。

喷枪：选择此项可以使画笔拥有喷枪功能。

保护色调：可以保护图像中的色调不受影响。

【海绵工具】可以增加或者降低图像中某个区域的饱和度，在工具选项栏中模式设置为“去色”或“加色”后，对图像中选定的区域进行涂抹。

画笔：海绵画笔设置的硬度、大小等参数。

模式：在下拉列表中选择“去色”选项，可以降低图像的饱和度；选择“加色”选项，可以增加图像的饱和度。

流量：可以调节流量大小，流量值越高，强度越大，效果越明显。

自然饱和度：勾选该选项，可以防止颜色过度饱和而出现溢色现象。

2.4.4 液化滤镜

液化滤镜是修饰图像效果的有效工具，常用于调整图像，如人体比例、面部表情等。液化滤镜使用方法比较直观简单，功能强大，可以有效制作推、拉、扭曲和收缩等变形效果。执行“滤镜 > 液化”（快捷键Shift+Ctrl+X），弹出“液化”对话框，默认情况下以简洁的基本模式显示，单击对话框右侧的“高级模式”，则显示完整的功能。在对话框左侧排列着多种工具，如向前变形工具、膨胀工具、冻结蒙版工具等。

【向前变形工具】可以在图像局部进行拖拽产生变形效果，如图 2-123 所示。

【重建工具】对变形区域进行全部或者部分恢复效果。

【平滑工具】对变形的区域进行处理，用来平滑调整后的边缘。

【顺时针旋转扭曲工具】拖拽鼠标可以顺时针旋转像素，对图中的头发进行操作，可以使得像素旋转，效果如图 2-124 所示。

图 2-123

图 2-124

【褶皱工具】可以产生以画笔为中心的像素向内缩的效果，如图 2-125 所示。

【膨胀工具】可以产生以画笔为中心的像素向外膨胀的效果，如图 2-126 所示。

图 2-125

图 2-126

【左推工具】当向上拖拽鼠标时，像素会向左侧移动，如图 2-127 所示；当向下拖拽鼠标时，像素会向右侧移动，如图 2-128 所示。

图 2-127

图 2-128

【冻结蒙版工具】对图像进行处理，但是又不让影响某个区域时可以使用该工具绘制出冻结区域。在图像上绘制冻结区域，然后使用变形工具（如左推工具）处理图像，被冻结的区域就不会发生变化。

【解冻蒙版工具】使用该工具在冻结区域涂抹，可以将其解冻。

【抓手工具 / 缩放工具】跟工具箱中相对应的工具完全相同。

2.4.5 实战——变妆

现实中化妆的效果很神奇，可以让美女变丑女，让年轻人变老人。Photoshop 里也可以做到，帅哥通过处理，瞬间变成大叔。

⊙步骤 1

打开素材“帅哥”，如图 2–129 所示。选择快速选择工具，设定画笔大小为 53 像素，选择人物头发，如图 2–130 所示。

图 2–129

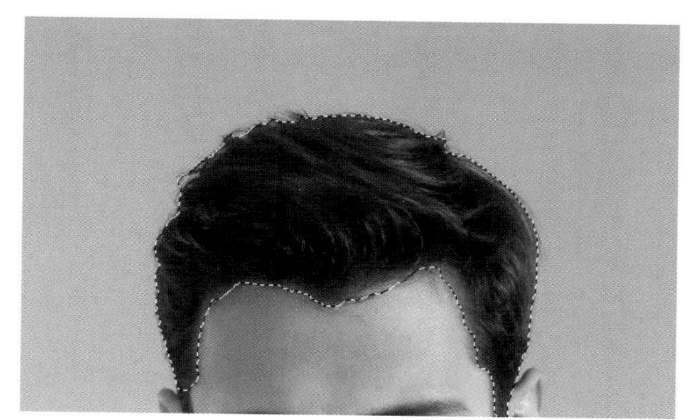

图 2–130

⊙步骤 2

执行“选择 > 修改 > 羽化（快捷键 Shift+F6）”，弹出“羽化选区”对话框，设定羽化半径为 40 像素（可以根据选择的范围和羽化的效果设定数值），如图 2–131 所示。如图 2–132 所示，在图层面板中单击“创建新的填充或调整图层”，选择“色相 / 饱和度”，弹出设定面板，设置饱和度为 –83，明度为 +26，如图 2–133 所示。

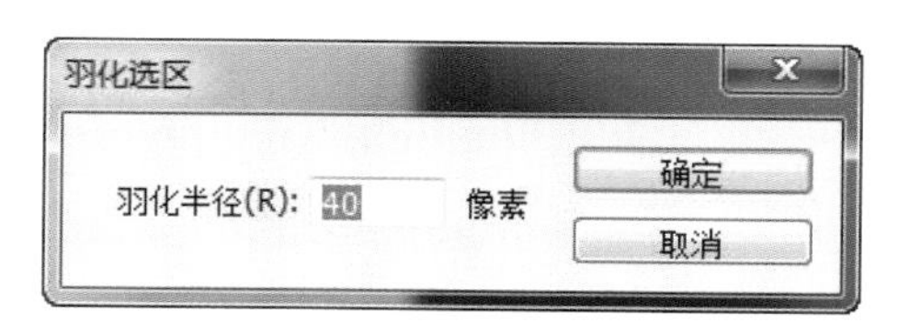

图 2–131

图 2–132

图 2–133

⊙步骤 3

选择“背景”图层，用魔棒工具（设定容差为 10）选择图像中头发的高光部位，如图 2–134 所示。执行“选择 > 修改 > 羽化”，弹出“羽化选区”对话框，设定羽化半径为 2 像素，如图 2–135 所示。

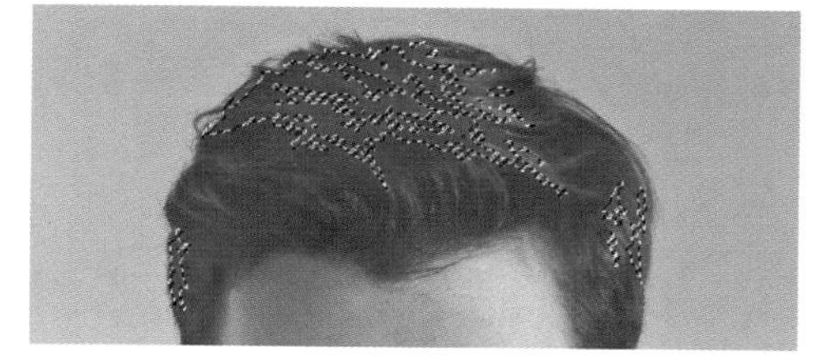

图 2–134

图 2–135

⊙步骤 4

如图 2–136 所示，在图层面板中单击“创建新的填充或调整图层”，选择“色相 / 饱和度”，弹出设定面板，设定饱和度为 –100，明度为 +2，如图 2–137 所示。

图 2–136

图 2–137

⊙步骤 5

重复以上步骤，还可以继续增加头发灰白的层次。按以上方法，可以使眉毛变成灰白色，如图 2–138 所示。由于年纪增大，从五官上进行调整，形成皮肤松弛的感觉。选择“背景”图层，执行“滤镜 > 液化”，选择褶皱工具缩小左眼睛，如图 2–139 所示。

选择褶皱工具把嘴唇变薄，如图 2–140 所示。选择膨胀工具把下巴往外扩展，多次调整后如图 2–141 所示，按“确定”后效果如图 2–142 所示。

⊙步骤 6

打开素材“老人 1”，如图 2–143 所示。

图 2–138

图 2–139

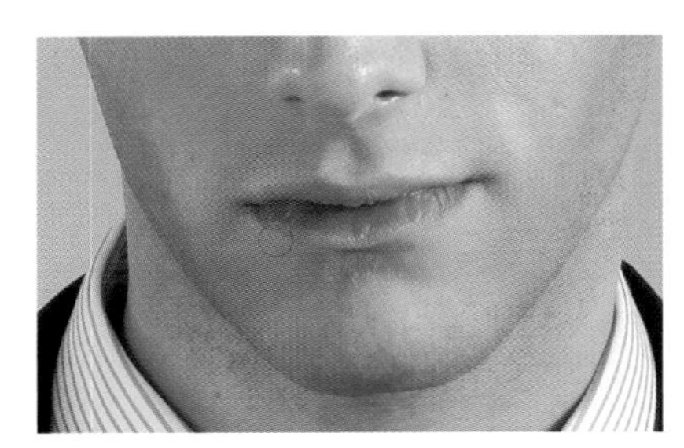
图 2–140

图 2–141

图 2–142

图 2–143

⊙步骤 7

用套索工具选择眼睛周边皱纹部位，如图 2-144 所示。执行“选择 > 修改 > 羽化”，设置羽化半径为 7 像素，如图 2-145 所示。

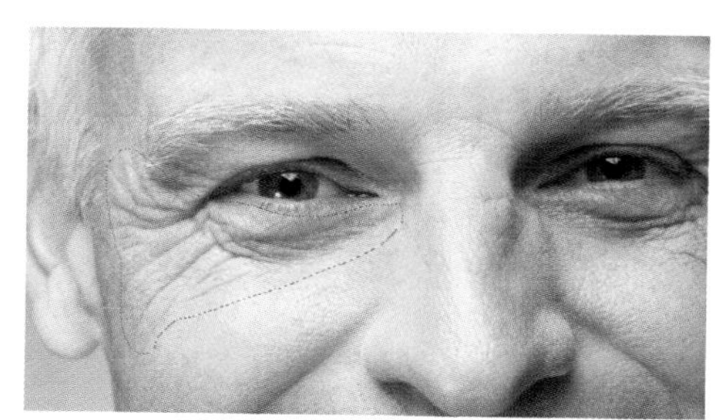
图 2-144

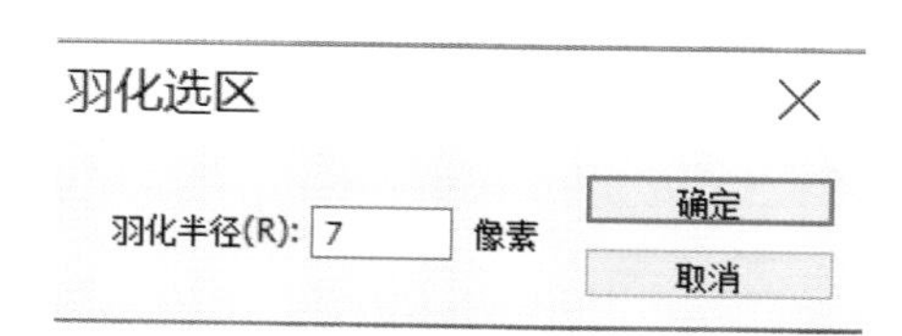

图 2-145

⊙步骤 8

用移动工具把选区部位移到“帅哥”图像上，如图 2-146 所示。用变形工具调整选区大小及其位置，如图 2-147 所示。

图 2-146

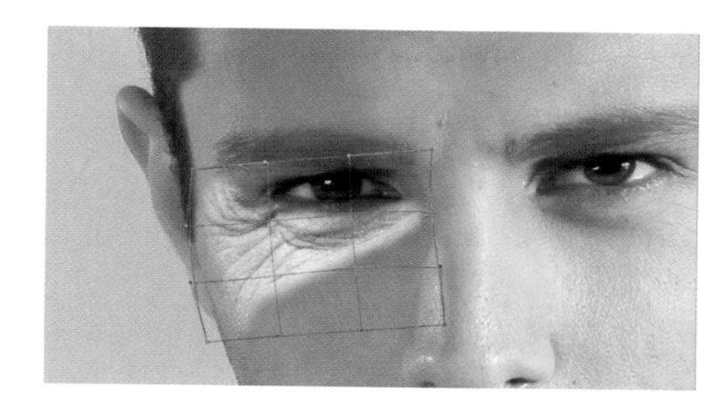
图 2-147

⊙步骤 9

执行“图像 > 调整 > 去色”（快捷键 Shift+Ctrl+U），效果如图 2-148 所示。如图 2-149 所示，设置“图层 1”混合模式为柔光，效果如图 2-150 所示。

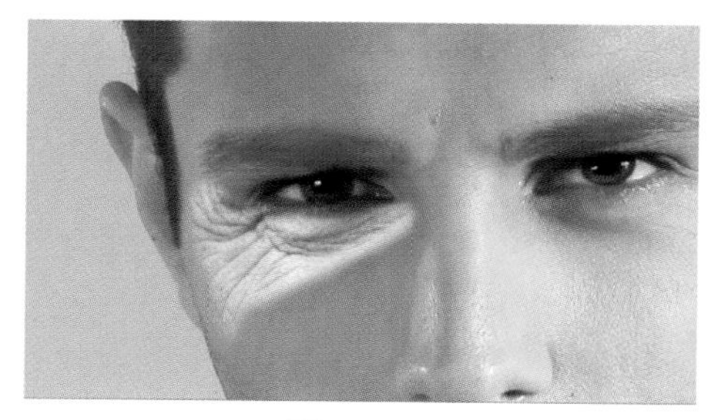
图 2-148

图 2-149

图 2-150

⊙步骤 10

执行“图像 > 调整 > 色相/饱和度”，弹出“色相/饱和度”对话框。设置色相为 +3，饱和度为 +11，明度为 -40，如图 2-151 所示。使图层 1 与背景色调融合，效果如图 2-152 所示。

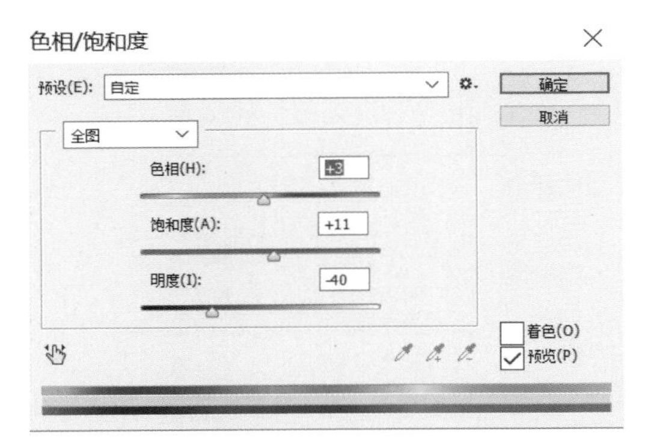

图 2-151

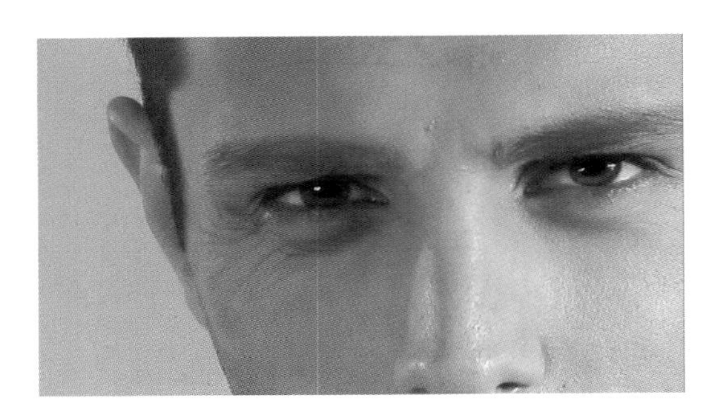
图 2-152

⊙步骤 11

给“图层 1”添加一个蒙版，如图 2-153 所示。用画笔在蒙版上进行修饰，使图层 1 跟背景更加融合，如图 2-154 所示。用以上处理左眼睛的方法处理右眼睛，效果如图 2-155 所示。

图 2-153

图 2-154

图 2-155

⊙步骤 12

打开素材“老人 2”，如图 2-156 所示。用同样的方法处理抬头纹、脸颊，效果如图 2-157 所示。

图 2-156

图 2-157

Photoshop Jichu Jiaocheng

第 3 章

图层、路径、文字、蒙版与通道

【学习目标】

图层操作是图像处理的基础。路径、通道与蒙版是 Photoshop 三大基本核心内容，图像丰富的艺术特效往往需要将这三大要素综合运用才能得到。学习这三个核心元素应从根本上理解路径、通道、蒙版的基本概念，从而达到在图像特效制作过程中能够灵活运用它们的基本目的。文字的设计是图像处理的基础环节。

【重要知识点】

（1）掌握图层的操作方法。
（2）掌握路径的绘制方法及与选区间相互的灵活转换。
（3）掌握文字的编辑方法和路径文字的制作方法。
（4）掌握通道的建立及其强大抠图、调色和增效功能。
（5）掌握蒙版的分类及常见用途等。

3.1 图层的操作

当打开一张图片时，当前的图片在图层面板中为默认的背景层。

3.1.1 创建和编辑图层

1. 创建图层

默认的背景层处于锁定状态，对图片进行处理时，若要在背景层上新建一个图层，单击图层面板下方“创建新的图层”图标（快捷键 Ctrl+Shift+N），即可在背景层上方新建一个默认名称为“图层 1”的空白图层，如图 3-1 和图 3-2 所示。

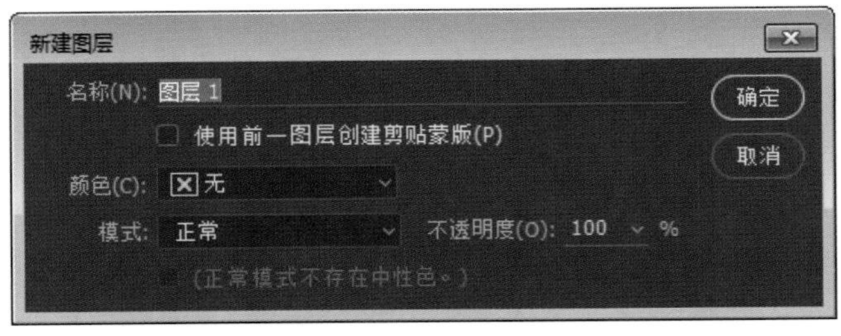

图 3-1

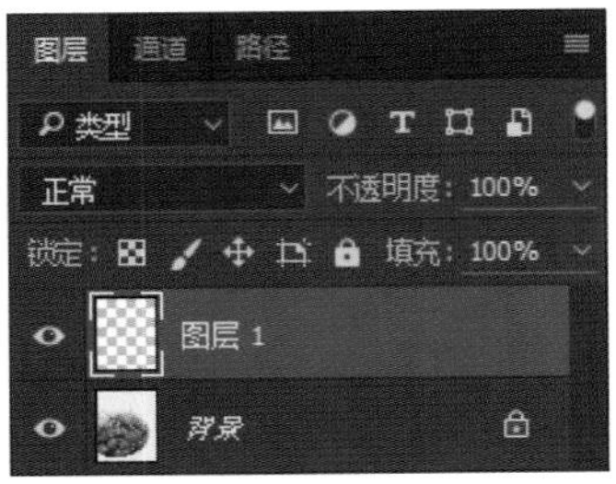

图 3-2

2. 编辑图层

可以对空白的图层 1 进行任意编辑，比如将其他素材直接移动到该层中，如图 3-3 所示。用鼠标右键单击要编辑的图像，即可识别出当前图像可能存在的图层，如图 3-4 所示。图层面板下方有一系列工具，如图 3-5 所示，使用它们可以对图层效果进行其他编辑。

图 3-3　　图 3-4

图 3-5

以背景层为例（适用于任意图层），单击“创建新的填充或调整图层”图标，即可调出一系列针对图层的调节工具，例如单击“色彩平衡”，在当前图层上方即会出现相应的调节图层，通过修改属性面板内的相应参数，背景层的效果就会随之产生变化。通过选择更多的调节工具，图层效果亦会越来越丰富，图层面板中也会在背景层上方添加显示所选的调节图层，如图 3-6 所示。

若想将新增的调节效果隐藏，可逐一单击相关图层对应的“可视化”图标，即可看到背景层的原始效果，如图 3-7 所示。

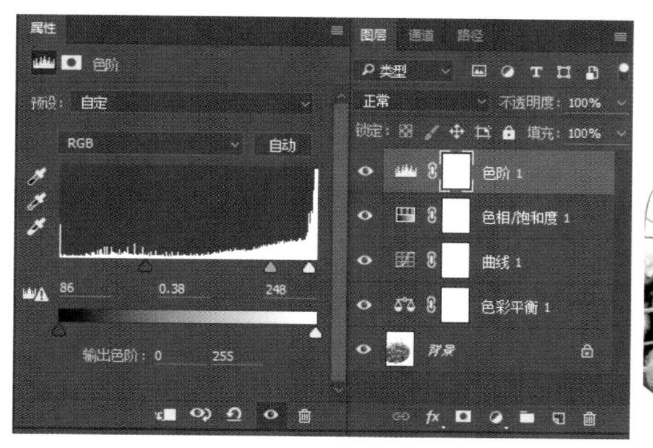

图 3-6

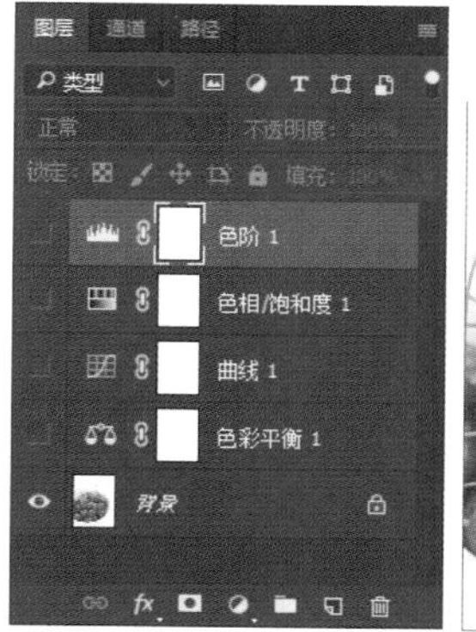

图 3-7

除了调节图层效果，还可单击“创建新组”图标，对图层进行组别归纳、分组编辑，这样可以让图层处理变得更为条理清晰。

3.1.2　合并图层

当前的图像虽然看起来是一个完整的平面效果，但通过观察图层面板我们可得知，该效果是由默认的图像“背景层”和“图层 1”两个图层组成的。在 Photoshop 中进行图像效果处理时，通常效果越丰富所需要的图层就越多，但图层过多就会显著影响软件运行速度，这时可以有选择性地合并一些图层。当图像的某些调整需要合并图层才能进行时，当确定一些图层的内容不需要再进行单独修改时，当定稿时，这些情况下需要合并图层。

> 提示：将文件的图层合并后，就不能对文件的元素单独进行修改了。

合并图层时，将要合并图层选中，执行“图层 > 向下合并”（快捷键 Ctrl+E），当前图层即可合并到下一层中，如图 3-8 所示。此外，还有合并可见图层（快捷键 Shift+Ctrl+E）和拼合图像。

3.1.3　图层样式

图层样式是专门针对图层进行特效制作的利器，绝大部分的图像艺术效果处理都会用到图层样式。单击图层面板下方的“添加图层样式”图标 fx，或双击图层面板中的图层，即可调出“图层样式”对话框，如图 3-9 所示。

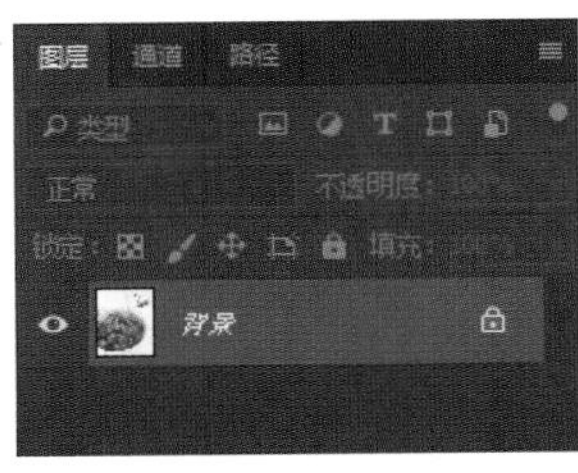

图 3-8

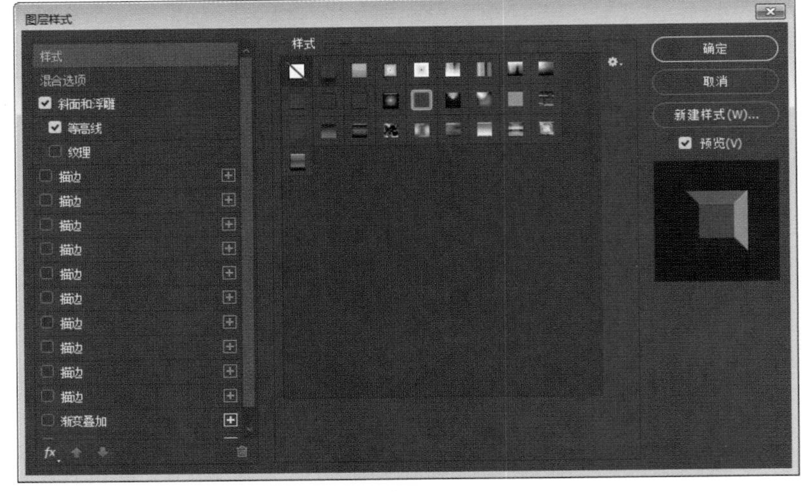

图 3-9

图层样式中包含十种艺术效果，能极大地帮助设计师设计出想要的效果。我们亦可以通过执行“图层 > 图层样式”看到所有详细的图层样式名称。在“图层样式”对话框左侧选中任一种样式，均可以在右侧进行详细的细节调整。图层样式的效果应用主要体现在以下几个方面。

（1）图层样式可以被应用于各种属性的图层上，几乎不受图层类别的限制。

（2）通过“图层样式”对话框不同的选项设置，可以快捷方便地模拟出各种效果。这些效果利用传统的制作方法可能会比较难以实现。

（3）“图层样式”对话框的工具选项十分丰富，通过不同选项和参数的搭配，可以创作出变化多样的图像效果，极大地提高了图层的艺术感。

（4）图层样式可以在任意图层间进行复制、移动，也可以存储成独立的文件，极大地提高了图像处理的工作效率。

（5）图层样式的编辑性极强，在不合并图层的前提下，在图层中应用了图层样式并保存后，再次打开文件可以随时进行参数选项的修改。

当然，图层样式的操作同样需要设计者在应用过程中注意观察，多尝试各种参数设置，这样才能更准确地判断出所要进行的具体操作和选项设置。

利用“图层样式”对话框，我们可以简单快捷地制作出各种质感、立体投影，以及具有光影效果的图像特效。与其他特效制作工具相比，图层样式具有速度快、效果精确、编辑性强的优势，如图 3-10 所示。

图 3-10

3.1.4 图层混合模式

Photoshop 的图层混合模式可以将两个或多个图层的色彩值紧密地结合在一起，从而创造出大量意想不到的丰富效果。选中相应图层，单击图层混合模式的下拉组合框，将弹出所有混合模式命令的下拉列表。

以下为每种图层混合模式的详细说明。

【正常】上方图层完全遮住下方图层，没有任何混合效果。

【溶解】若上方图层图像有柔和的边缘，选择该项可以创建像素点状的溶解效果。

【变暗】上下图层中较暗的颜色将作为混合效果，而较亮的颜色部分将被替换掉。

【正片叠底】显示由上方图层和下方图层的像素值中较暗的像素相叠加的图像效果。

【颜色加深】降低上方图层中除深色外的区域的对比度，使图像的对比度下降。

【线性加深】上方图层将根据下方图层的灰度与图像融合，此模式对白色无效。

【深色】根据上方图层图像的饱和度，用上方图层颜色直接覆盖下方图层中的暗调区域颜色。

【变亮】使上方图层的暗调区域变为透明，通过下方图层的较亮区域使图像更亮。

【滤色】显示由上方图层和下方图层的像素值中较亮的像素合成的效果，得到的图像有一种加强增亮颜色的效果。

【颜色减淡】由上方图层根据下方图层的灰阶程度来提升亮度，再与下方图层融合。此模式通常可以用来创建光源中心点极亮的效果。

【线性减淡】根据每一个颜色通道的颜色信息，通过降低其他颜色的亮度来反映混合颜色。

【浅色】根据图像的饱和度，用上方图层中的颜色直接覆盖下方图层中的高光区域颜色。

【叠加】最终效果取决于下方图层，上方图层的高光区域和暗调将不变，只是混合了中间调。

【柔光】使颜色变亮或变暗以让图像具有非常柔和的效果，亮于中性色的区域将更亮，暗于中性色的区域将更暗。

【强光】为图像增加强光照射效果。

【亮光】根据融合颜色的灰度来减少对比度，可以使图像更亮。

【线性光】根据图案颜色的中性色来减少或增加图像亮度，使图像更亮。

【点光】若混合色比较亮，则替换混合色暗的像素，而不改变混合色亮的像素；若混合色比较暗，则效果相反。

【实色混合】用该模式可以制作出对比度较强的色块效果。

【差值】上方图层的亮区将下方图层的颜色进行反相，呈现与原图像是完全相反的颜色效果。

【排除】效果与“差值”模式类似，但对比度更低。

【色相】由上方图层的混合色的色相与下方图层的亮度和饱和度创建的效果。

【饱和度】由下方图层的亮度和色相与上方图层混合色的饱和度创建的效果。

【颜色】由下方图层的亮度与上方图层的色相和饱和度创建的效果。

【亮度】由下方图层的色相和饱和度与上方图层的亮度创建的效果。

选择不同的混合模式命令，就可以创建不同的混合效果。图层的混合模式用于控制上下图层的混合效果，在设置混合效果时还需时常设置图层的不透明度。以图 3-11 为例，当前的图像效果是由 4 个图层共同组成的。我们在 Photoshop 中编辑图层时，图层的默认混合模式是“正常”（也就是当前图层和其下方图层不存在任何的混合关系）。

图 3-11

而当选择其他图层混合模式时，所选图层就会与其下方图层产生叠加的混合效果。图 3-12 为混合模式为“正常”时图层间的关系示例，图 3-13 为添加了其他混合模式后图层间的关系。

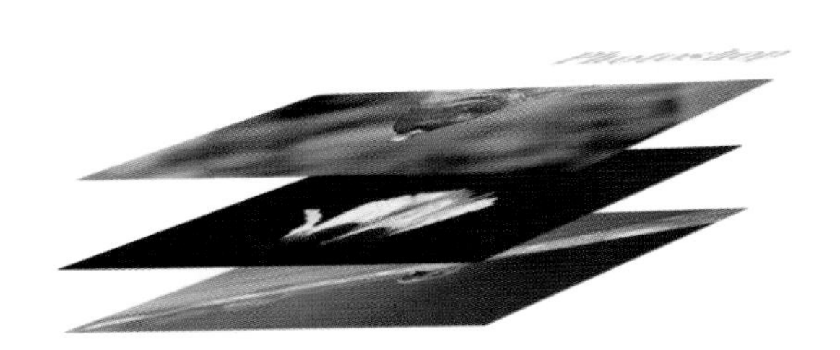

图 3-12

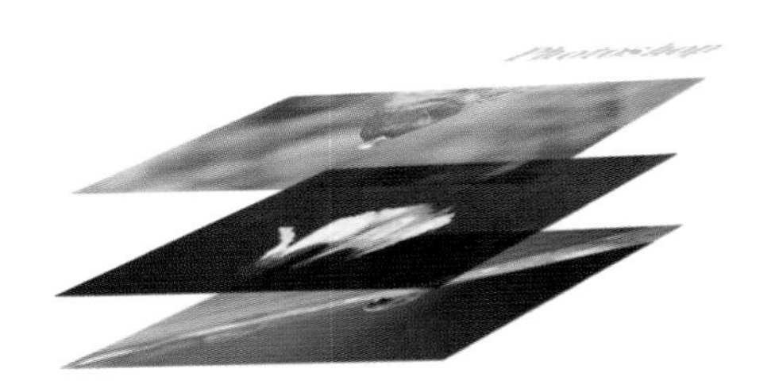

图 3-13

可以看出，图层混合模式就是让图层间的关系由原有的“遮挡”关系转变为“透叠”关系。选用不同的混合模式，当前图层与其下方的图层就会产生不同的透叠关系，如图 3-14 和图 3-15 所示。

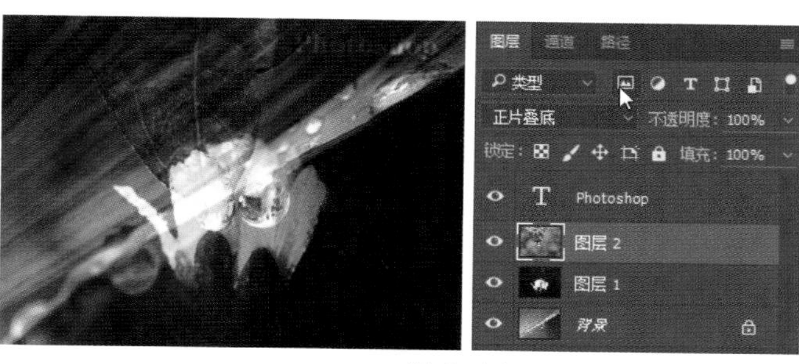

图 3-14

图 3-15

通过图 3-14 和图 3-15，我们即可理解图层混合模式在图层中起到的神奇作用。任何图像通过图层混合模式的添加，均可与其他图像产生独特的透叠混合效果，这也是我们在图像处理中常运用到的增效方法。

3.1.5 实战——制作炫酷光效文字

⊙步骤 1

新建背景色为黑色的文件，具体参数设置如图 3-16 所示。

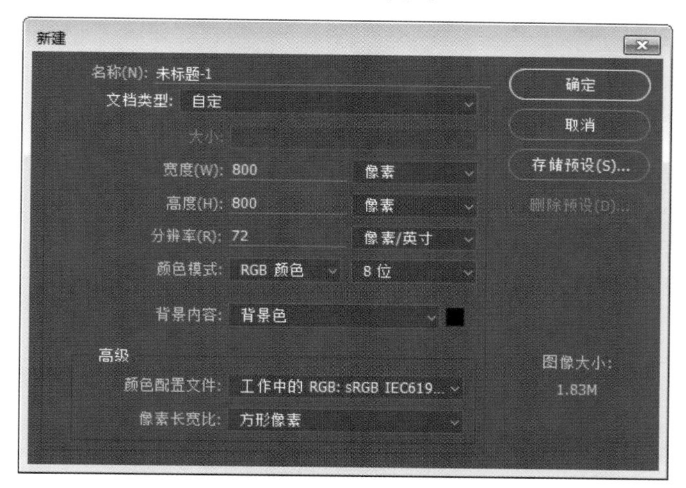

图 3-16

⊙步骤 2

在当前文件背景层上方新建“图层 1”，如图 3-17 所示。调出工具箱中的椭圆选框工具，按 Shift 键在图层 1 上绘制出正圆形的选区，如图 3-18 所示。在图层 1 的选区内用油漆桶工具填充默认的白色前景色（快捷键 Alt+Delete），图层 1 中便填充了白色的正圆形，如图 3-19 所示。

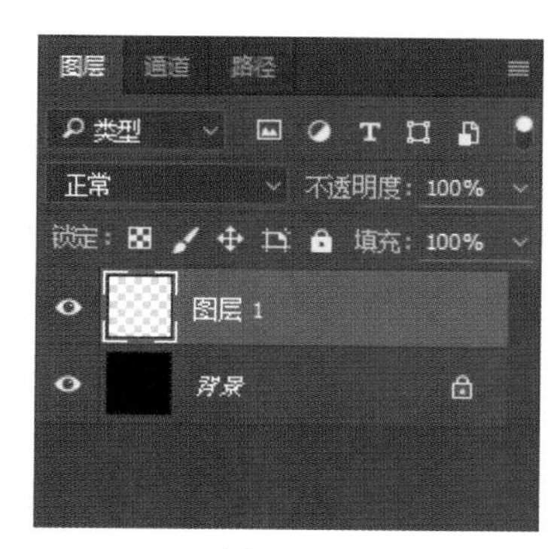

图 3-17

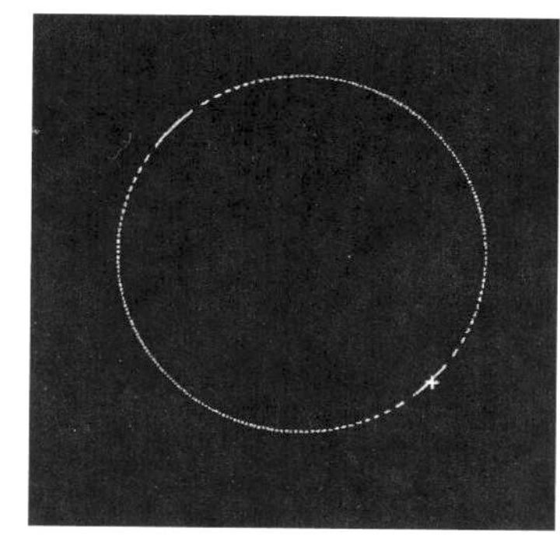

图 3-18

图 3-19

⊙步骤 3

执行“选择 > 变换选区”，按 Shift 键将当前选区外选框向内等比例收缩，如图 3–20 所示。双击鼠标确定选区变换，外边框消失后按 Delete 键将缩小的正圆形选区内部填充清空。取消选区，图层 1 中的图像变为白色圆环，如图 3–21 所示。

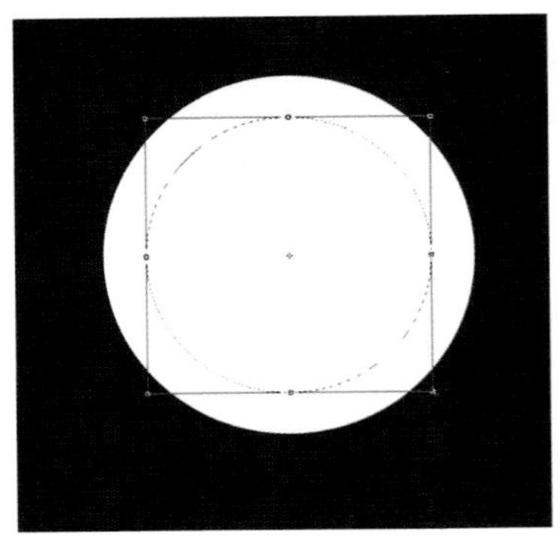

图 3–20

图 3–21

⊙步骤 4

双击图层 1，调出图层 1 的“图层样式”对话框，选择样式面板中第 1 排左数第 5 个样式，如图 3–22 所示。单击“确定”按钮，该样式即运用到图层 1 效果中，如图 3–23 所示。

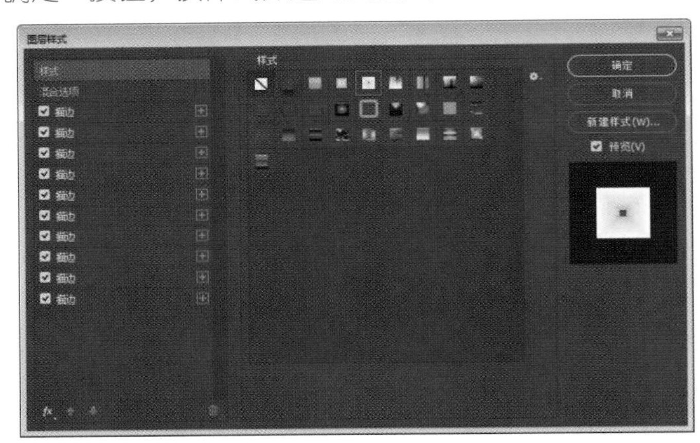

图 3–22

图 3–23

⊙步骤 5

双击图层 1，再次调出“图层样式”对话框，单击左下角的图标 fx，选择“显示所有效果”，这样隐藏的样式完全显示。选择“外发光”样式，参数设置如图 3–24 所示。单击“确定”按钮，即为图层 1 的光环添加柔和的外发光效果，如图 3–25 所示。

⊙步骤 6

回到图层面板，在图层 1 上方新建图层 2，如图 3–26 所示。调出工具箱中的椭圆选框工具，比照图层 1 的圆环形，按 Shift 键在图层 2 上绘制出小于图层 1 的圆形选区，并将圆形选区移动到圆环正中心，如图 3–27 所示。

⊙步骤 7

执行“编辑 > 描边”，描边参数设置如图 3–28 所示，单击“确定”按钮，给图层 2 的圆形选区描绘宽度为 10 像素的外框，如图 3–29 所示。

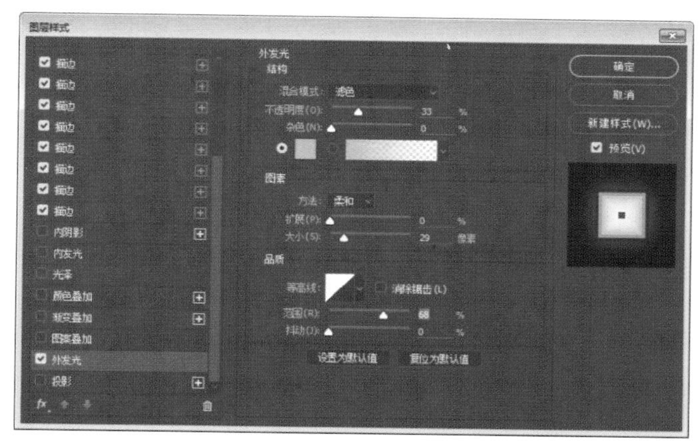
图 3–24

图 3–25

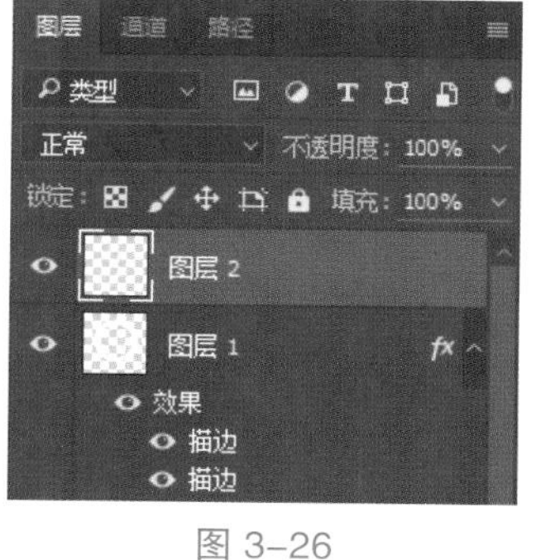

图 3–26

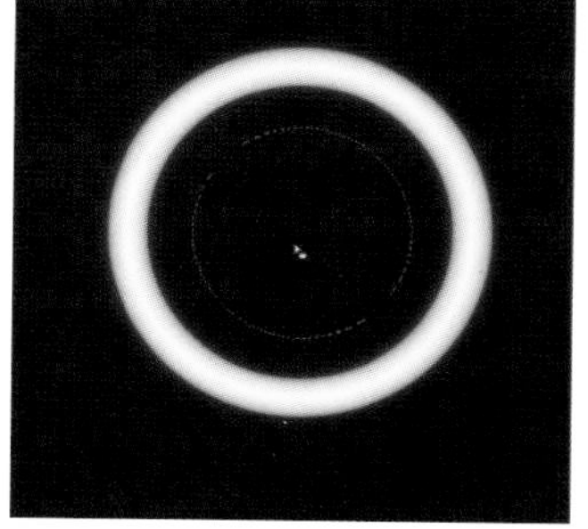
图 3–27

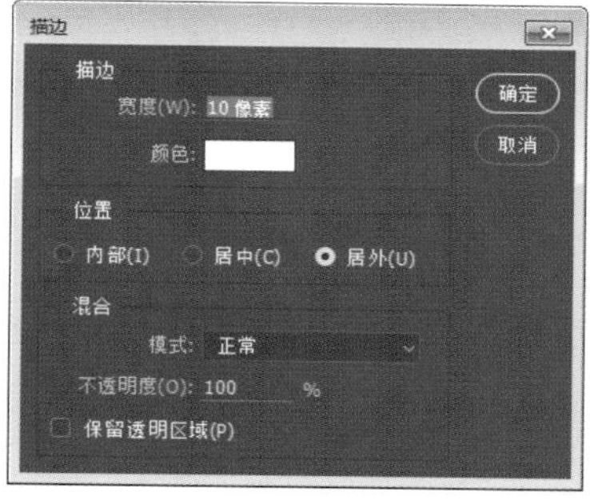

图 3–28

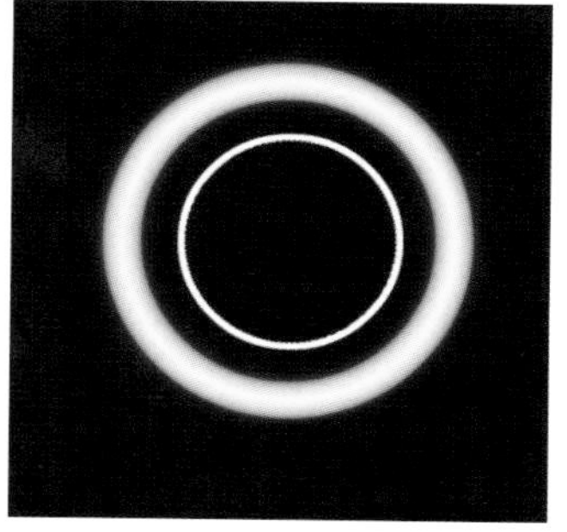
图 3–29

⊙步骤 8

按 Ctrl+D 键取消选区，双击图层 2，调出“图层样式”对话框，选择与图层 1 相同的样式。单击“确定”按钮，效果如图 3–30 所示。选择工具箱中的文字工具，执行“窗口 > 字符”，调出字符面板，设置如图 3–31 所示，并在当前图层上输入文字，如图 3–32 所示。

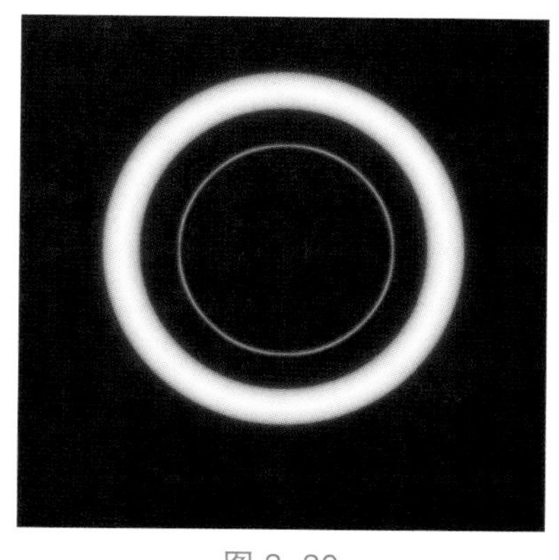
图 3–30

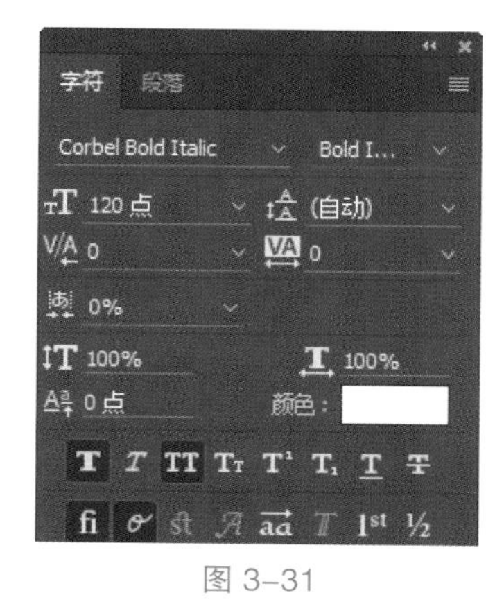

图 3–31

图 3–32

⊙步骤 9

在工具箱中调出椭圆选框工具，并将选框的羽化值设置为 20 像素，如图 3–33 所示。将当前文件的前景色改为深蓝色，在图层面板中选中背景层，在背景层上拖出羽化的椭圆形选区，如图 3–34 所示。

⊙步骤 10

执行“滤镜 > 渲染 > 分层云彩”，背景层羽化选区内的效果如图 3–35 所示。在图层面板中选中最上层的

文字层，将文字层的图层混合模式改为“正片叠底”，文字即叠印到背景层中，如图 3–36 所示。

图 3–33

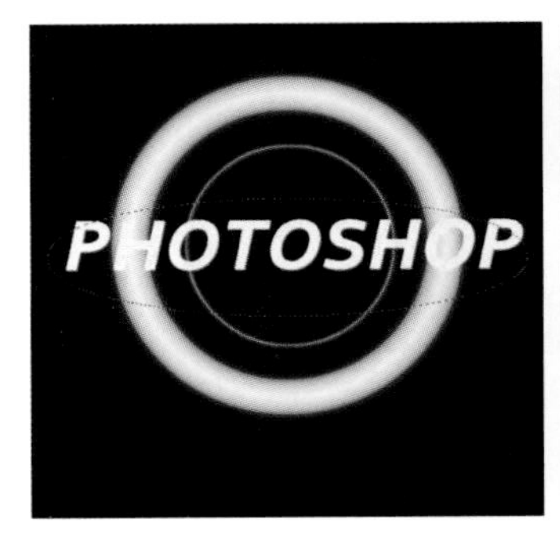

图 3–34

图 3–35

图 3–36

⊙步骤 11

双击文字层，调出“图层样式”对话框，将文字层的图层样式选为“外发光”，参数设置如图 3–37 所示。单击“确定”按钮，文字即添加了边框外发光的效果，如图 3–38 所示。

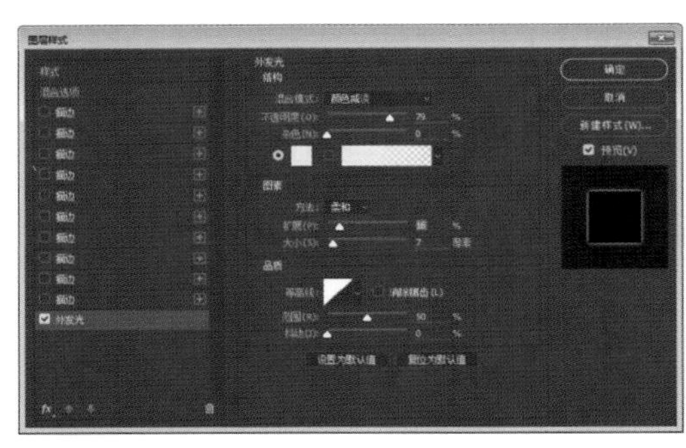

图 3–37

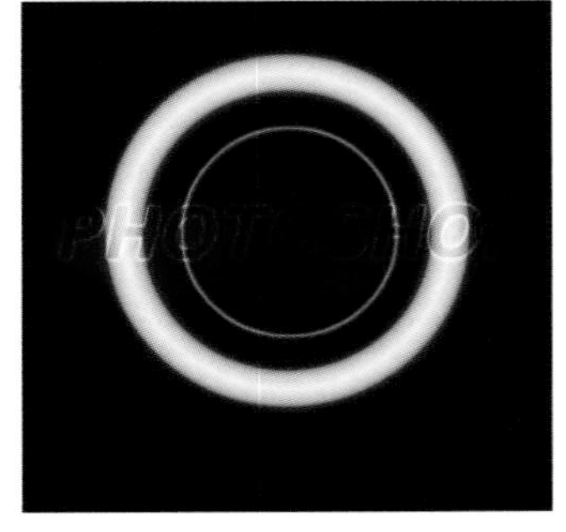

图 3–38

⊙步骤 12

在图层面板中选中文字层，按 Ctrl+J 键复制当前图层，文字层上方即复制出一个拷贝层，如图 3–39 所示。在文字拷贝层上执行“编辑 > 自由变换”（快捷键 Ctrl+T），调出变形框，拖动变形框让拷贝层文字与下方文字层产生交错的重影效果，如图 3–40 所示。

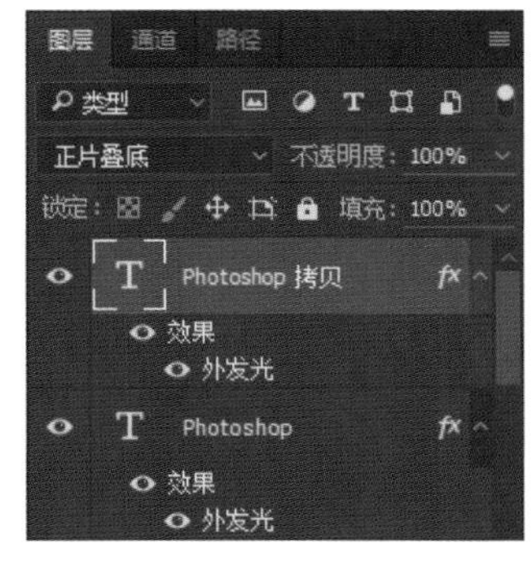

图 3–39

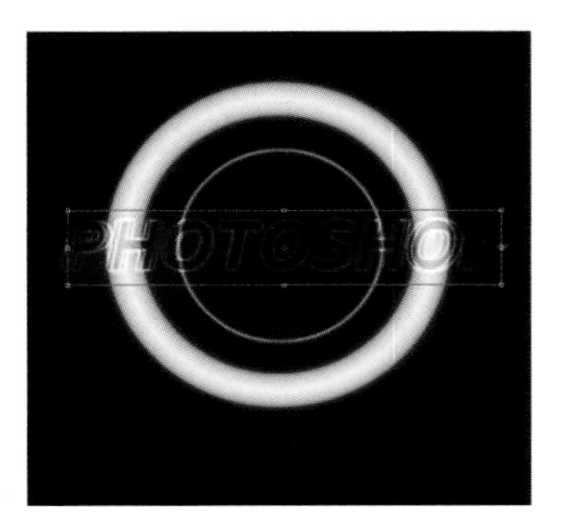

图 3–40

⊙**步骤 13**

依次按 Ctrl+J 键复制当前图层，直至复制出 5 个文字层，如图 3-41 所示。对复制的文字层依次执行“编辑 > 自由变换”，通过左右拖拽变形框，让文字层间产生更为丰富的透叠混合效果，文字的光效感也随之进一步加强，如图 3-42 所示。

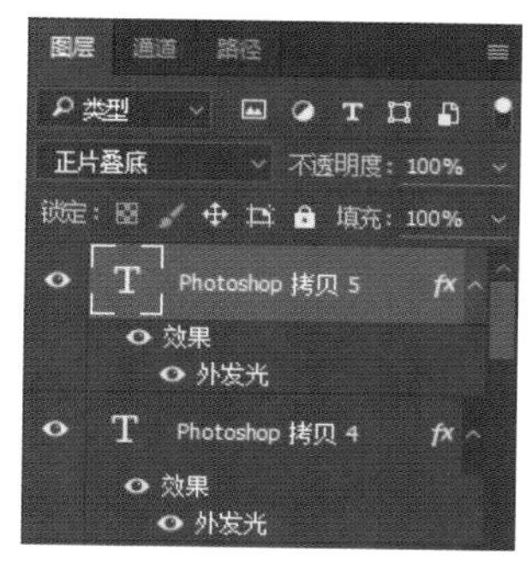

图 3-41

图 3-42

⊙**步骤 14**

在“Photoshop 拷贝 5”图层上方再新建一个空白图层，即“图层 3”。从工具箱中调出椭圆选框工具，将选框的羽化值设置为 5 像素。将工具箱底部的前景色和背景色恢复为默认的白黑设置，在图层 3 中拖拽出一个狭窄的椭圆形选区，如图 3-43 所示。为图层 3 中的选区填充默认的白色前景色（快捷键 Alt+Delete），取消选区，效果如图 3-44 所示。

⊙**步骤 15**

在图层面板中将图层 3 的图层混合模式改为“叠加”，效果如图 3-45 所示。

图 3-43

图 3-44

图 3-45

⊙**步骤 16**

按 6 次 Ctrl+J 键，为当前图层复制出 6 个拷贝层，图像的光效叠加效果越加清晰明显，如图 3-46 所示。

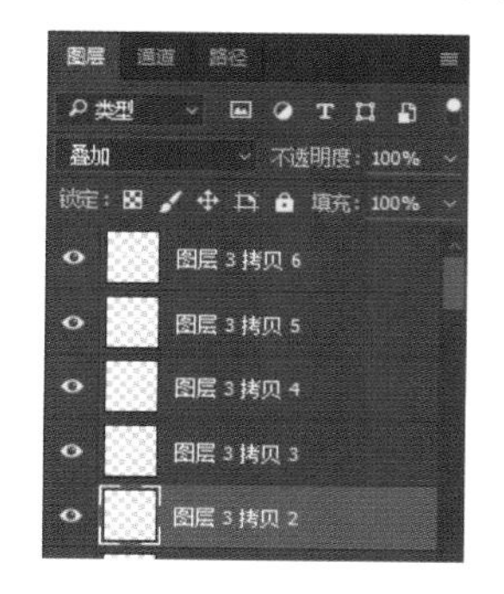

图 3-46

⊙步骤 17

执行“图层 > 合并可见图层”（快捷键 Ctrl+Shift+E），将当前所有图层一次性合并到背景层中，如图 3–47 所示。执行“滤镜 > 渲染 > 镜头光晕”，在镜头光晕面板中选择“50–300 毫米变焦”，设置亮度为 105%，如图 3–48 所示。

⊙步骤 18

设置后的最终效果如图 3–49 所示。

图 3–47

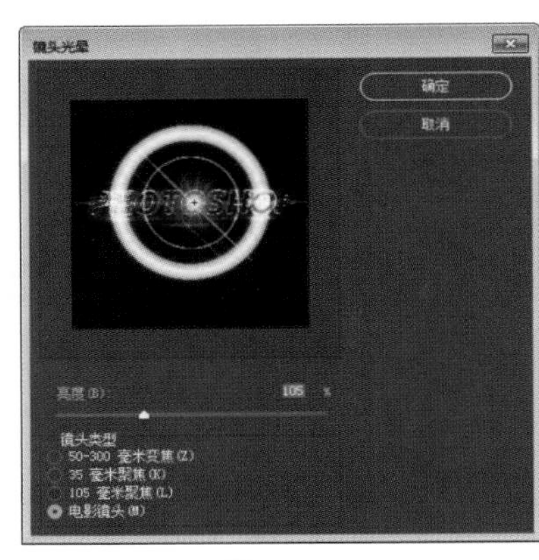

图 3–48

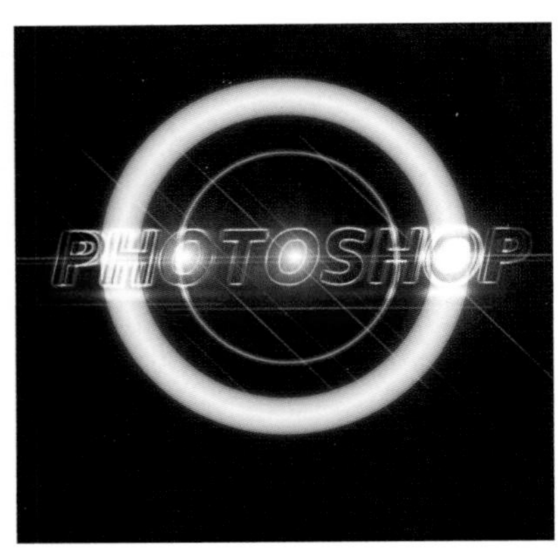

图 3–49

3.2 路径的使用

路径是一个非常神奇的工具，它使用贝塞尔曲线建立形状，可以画出任意形状，并且可以在建立之后随意对这些形状进行重新编辑，这样就满足了我们随意创作的需求。

3.2.1 路径工具

路径是用钢笔工具创建的，快捷键为 P，在工具箱中可看到钢笔工具。钢笔工具内隐藏着相关的系列工具，如图 3–50 所示。

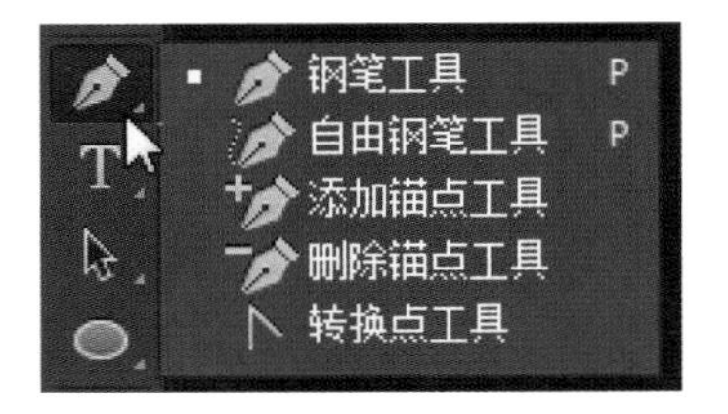

图 3–50

使用钢笔工具在画面上单击，会出现一个黑色的小方块，称为锚点或者控制点。换一个位置再次单击，即可再次建立一个新的锚点，并在两点之间连接一条线，连接锚点的线称为片段。如果在按下鼠标的时候拖动，就可以画出曲线片段，并同时拉出控制杆来。如果不松开鼠标进行拖动，可以改变控制杆的方向和长短，同时曲线片段也会有所变化，控制杆控制了曲线片段的弯曲方向和曲率，如图 3–51 所示。

要把片段和控制杆区分开来。片段是锚点之间的连接线，是画出路径的一部分，而控制杆则处于锚点两侧，可以通过改变它的方向和长短影响片段的形状，是修改路径形状的辅助工具。当我们在画面上按下鼠标左键的时候，就已经确定了锚点的位置，拖动鼠标，则可以修改控制杆的方向和长短，如图 3–52 所示。

图 3–51

图 3–52

按下 P 键在工具箱中切换到钢笔工具，在选项栏上勾选“自动添加 / 删除”选项，则可以快速切换到添加锚点工具和删除锚点工具，如图 3–53 所示。

图 3–53

当把鼠标放在片段上时，工具自动变为添加锚点工具，按下鼠标左键可以添加新的锚点；当把鼠标放在锚点上时，则自动转换为删除锚点工具，按下鼠标左键即可删除这个锚点。使用这个方法，可以快速改变路径的形状，添加锚点能将它复杂化，以制作更多的细节，删除锚点则可以简化路径，做出更加平滑的形状，如图 3–54 所示。

按下 Ctrl 键，可以切换到直接选择工具，这个工具的用途是移动锚点和片段，并可以框选多个锚点。将鼠标放在锚点或者片段上进行拖动，可以移动它，路径的形状也会因为锚点或者片段的移动而改变。如果从路径外部框选，则可以选择选框内所有的锚点，此时把鼠标放在上面按下左键移动，可以同时移动多个锚点。按下 Alt 键，可以切换到转换点工具，它可以将直线片段转换为曲线片段，也可以将曲线片段转换为直线片段，如果拖动控制杆的话，则可以在曲线上制作拐点，如图 3–55 所示。

图 3–54

图 3–55

我们先用钢笔工具在画面上单击三下，做出一个“>”形路径，然后按下 Alt 键切换到转换点工具，在最下面的锚点上横向拖动，即可将两侧的片段变为曲线，如图 3–56 所示。按下 Alt 键，在刚才变换的下部锚点上单击，则曲线片段会变回直线片段，如图 3–57 所示。

按着 Alt 键，在 U 形路径下部锚点的控制杆上进行拖动，会将原来平滑曲线的端点变为尖锐的拐角的顶点。所以，它是制作平滑曲线中拐弯的有力武器，如图 3–58 所示。

图 3-56　　图 3-57　　图 3-58

3.2.2　路径面板

路径工具在路径面板中有详细的功能分布，我们利用路径面板中的相应功能可以制作出更为细腻生动的图像效果。首先选中路径工具，在其选项栏中进行设置，如图 3-59 所示。

图 3-59

在空白文件中利用路径工具绘制出图 3-60 所示的心形，默认的路径填充色为工具箱中默认的黑色前景色。绘制出图形后，可在路径面板内选择合适的填充色，心形路径内的颜色随即会被修改，如图 3-61 所示。

图 3-60

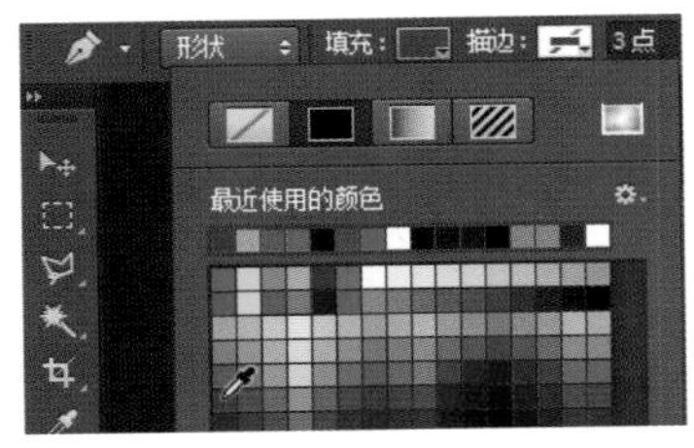

图 3-61

除了填充路径，我们也可以通过路径制作空白的路径轨迹，选项栏进行图 3-62 所示的设置，即可绘制出单纯的路径形状，如图 3-63 所示。

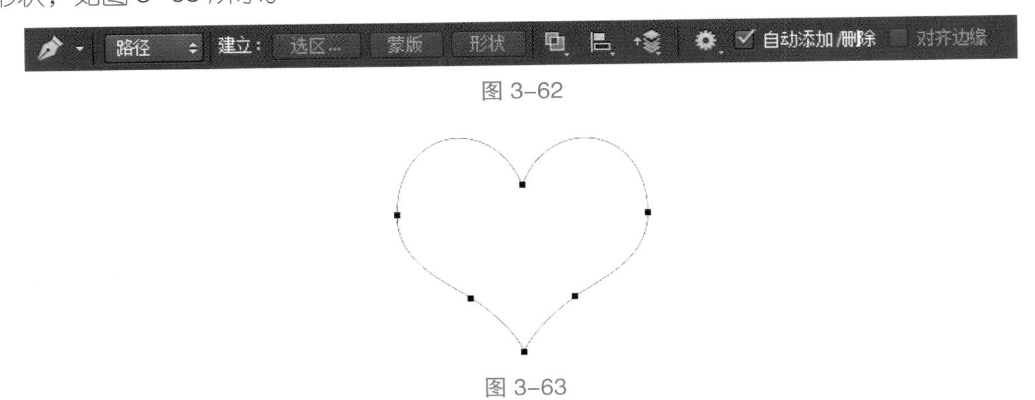

图 3-62

图 3-63

在路径工具选项栏中选择“建立：选区”，如图 3-64 所示，即可将绘制的路径形状转换为选区，同时对转换的选区进行羽化值设置，得到羽化的选区，如图 3-65 所示。

图 3-64

对羽化的选区进行色彩填充，就可以得到柔和的图像效果，如图 3-66（a）所示。按 Ctrl+D 键取消选区，我们即利用路径面板中路径转换为选区的功能，绘制出了一个柔和的心形图案，如图 3-66（b）所示。

图 3-65

图 3-66

在路径面板中亦可为填充好的路径图案进行描边设置，效果如图 3-67 所示。

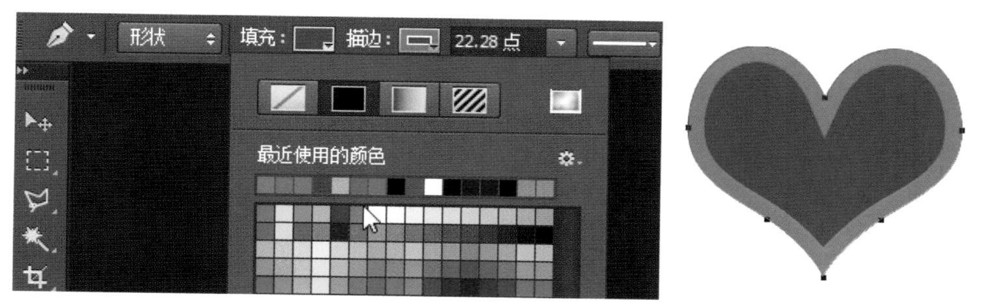

图 3-67

另外，执行“窗口 > 路径”，可调出与图层面板、通道面板连接在一起的路径面板。当在文件中绘制出一个路径形状时，该面板中会有“工作路径”的显示，如图 3-68 所示。

在工具箱中将前景色更改为合适的颜色，单击路径面板下方的“用前景色填充路径”图标，即可为路径内部填充当前设置的前景色，如图 3-69 所示。

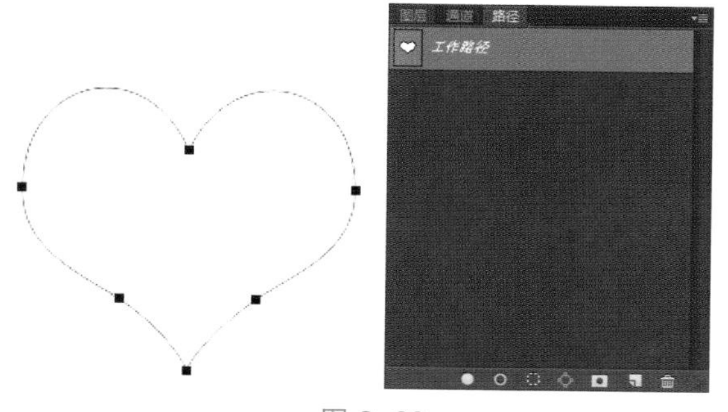

图 3-68

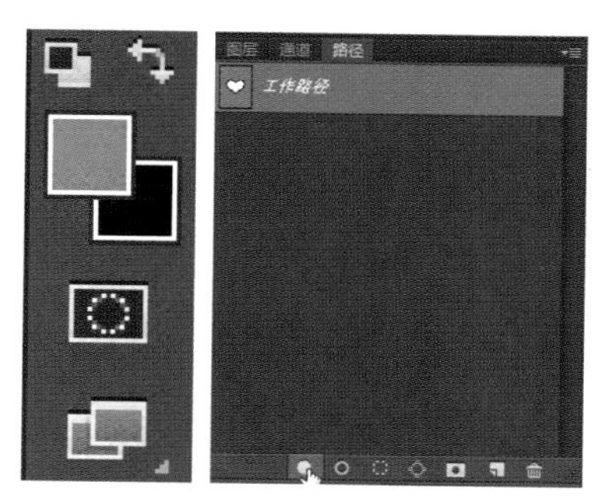

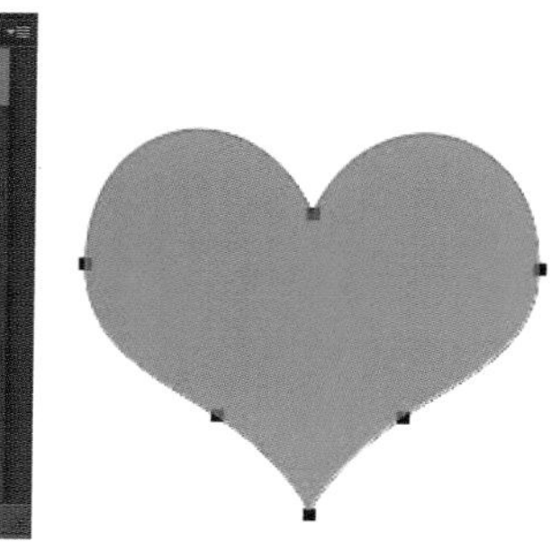

图 3-69

我们亦可对路径面板中的路径进行选区转换、删除等处理。路径面板中路径的数量与图层面板中图层上所绘制的路径数量成正比，如图 3-70 所示。若要删除相应路径，只需在路径面板中选中相应路径，单击路径面板右下角的“删除当前路径”图标，出现图 3-71 所示的提示框，单击“是”按钮即可。

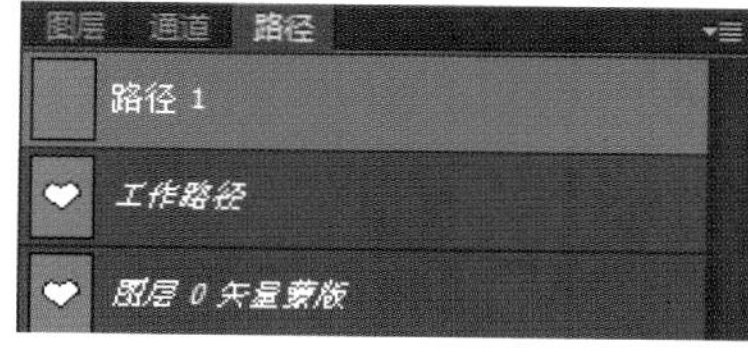

图 3-70

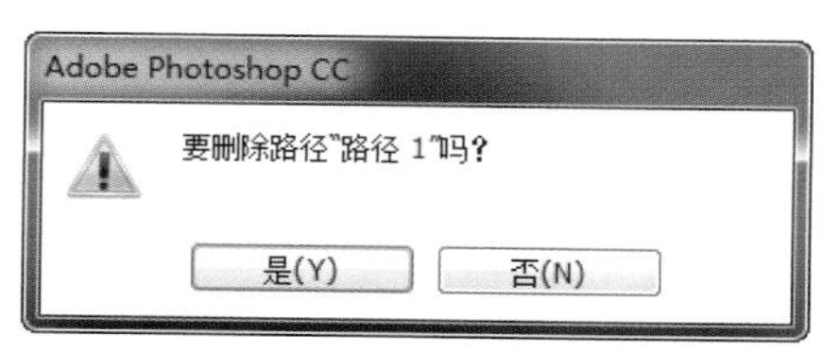

图 3-71

3.2.3 实战——制作路径光效

⊙步骤 1

新建文件，文件命名为“路径光效”，参数设置如图 3-72 所示。

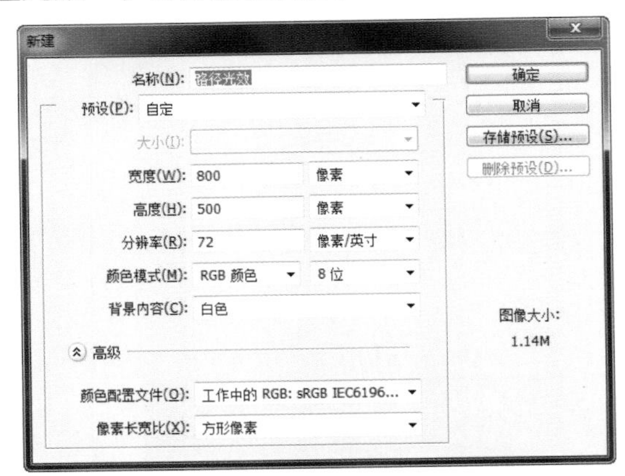

图 3-72

⊙步骤 2

将工具箱中的前景色设置为深蓝色，背景色设置为黑色。选择工具箱中的渐变工具，在渐变工具选项栏中进行参数设置，如图 3-73 所示。在当前文件中用鼠标沿对角线拖拽出所设置的渐变效果，如图 3-74 所示。

图 3-73

图 3-74

⊙步骤 3

在工具箱中选择钢笔工具，钢笔工具选项栏中的设置如图 3-75 所示。调出图层面板，在当前背景层上方新建空白图层 1（快捷键 Ctrl+Shit+N），如图 3-76 所示。在图层 1 中，用所设置的路径在图层 1 中绘制出一条柔和的曲线路径，如图 3-77 所示。

图 3-75

⊙步骤 4

调出工具箱中的路径选择工具，选中当前绘制的路径。按 Alt 键的同时拖动路径，即可复制出一条相同的路径，如图 3-78 所示。继续按 Alt 键的同时拖动路径，在图层 1 中拖拽、复制出多条路径，并将路径交叠排列，如图 3-79 所示。

图 3-76

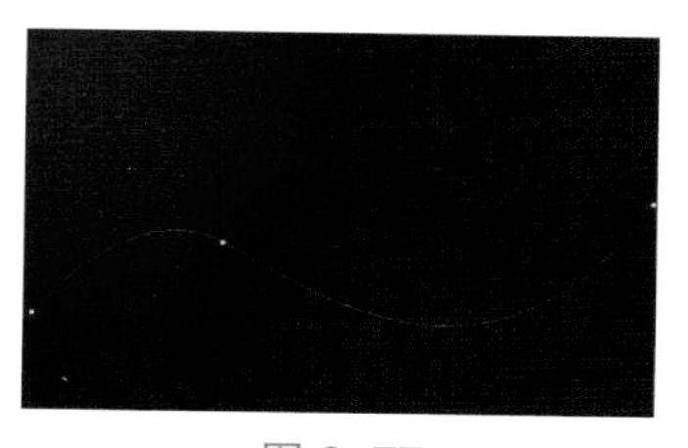

图 3-77

图 3-78

图 3-79

用鼠标右键单击路径，在“描边子路径”对话框中进行图 3-80 所示的设置，即可为所选路径用当前工具箱中的前景色进行描边处理，如图 3-81 所示。

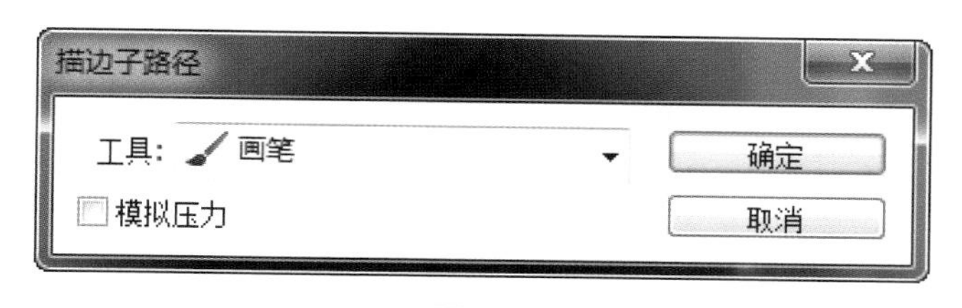

图 3-80

图 3-81

⊙步骤 5

依次更改前景色，右键选中相应路径，为每条路径进行不同颜色的描边处理，效果如图 3-82 所示。在图层面板中将图层 1 的混合模式改为“滤色”，执行“滤镜 > 模糊 > 动感模糊”，在弹出的对话框中进行图 3-83 所示的参数设置，为清晰的曲线制作出动感模糊效果。

⊙步骤 6

选择工具箱中的橡皮擦工具，在橡皮擦面板中选择一个柔软的画笔，进行图 3-84 所示的参数设置。用设置好的笔擦在图层 1 中擦拭，将图层中曲线的两端轻轻擦除，如图 3-85 所示。

图 3-82

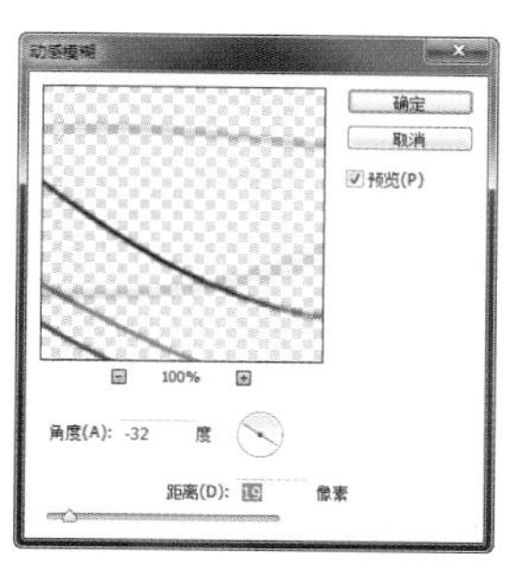

图 3-83

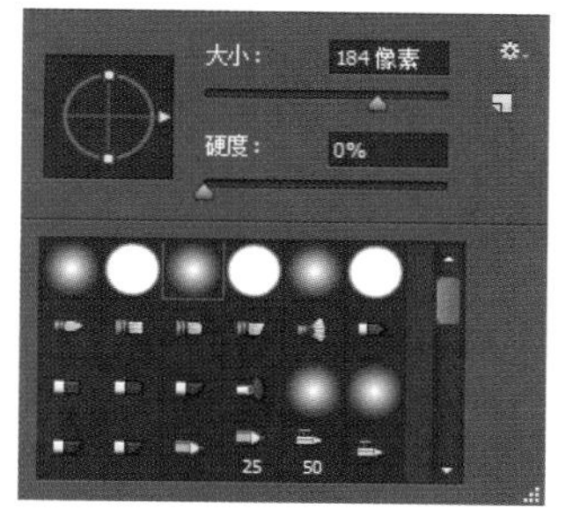

图 3-84

图 3-85

⊙步骤 7

复制图层 1，得到“图层 1 拷贝”，单击路径面板，用鼠标右键单击“工作路径”，选择“删除路径”，将当前文件中的路径删除，如图 3-86 所示。

⊙步骤 8

在“图层 1 拷贝”层中，执行“编辑 > 自由变换”（快捷键 Ctrl+T），将曲线翻转，与下方图层 1 的曲线形成交叠的效果，如图 3-87 所示。双击鼠标完成自由变换，连按 2 次 Ctrl+J 键将当前的图层再复制出两个拷贝层，在最顶层按 Ctrl+Shit+N 键新建空白的图层 2，如图 3-88 所示。

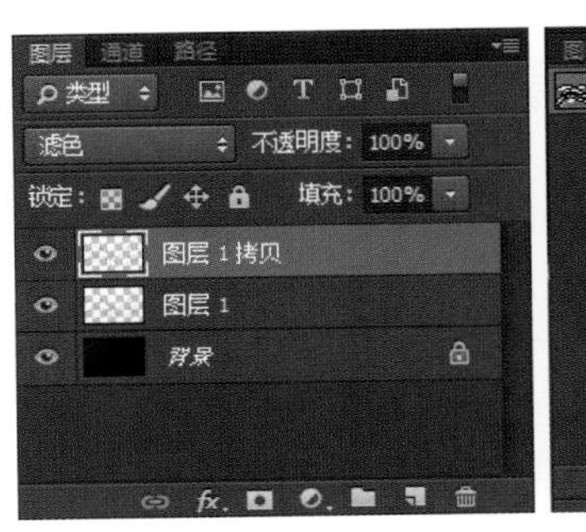

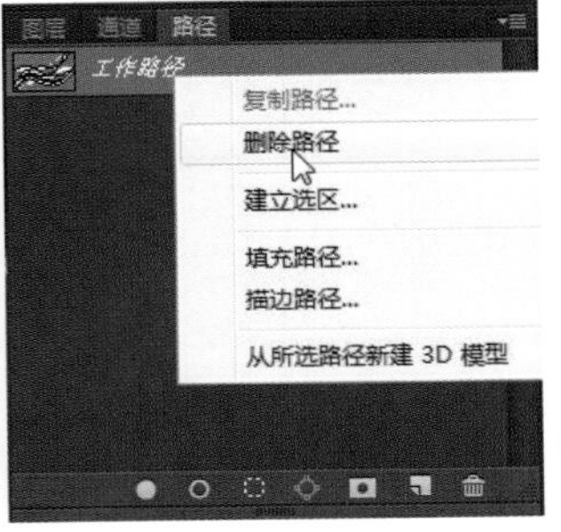

图 3-86

图 3-87

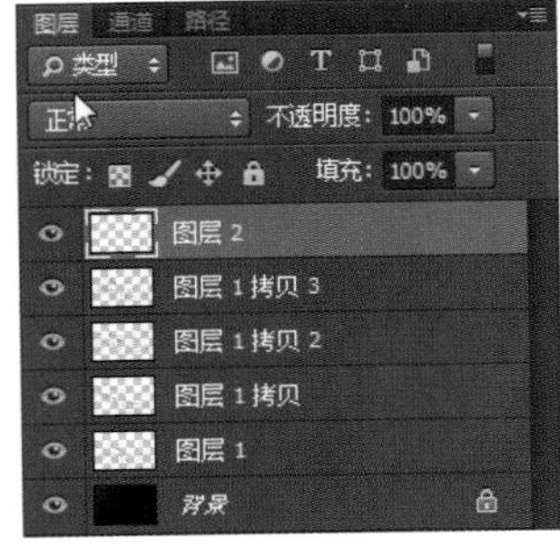

图 3-88

⊙步骤 9

在工具箱中选中画笔工具，在画笔工具选项栏中进行图 3-89 所示的参数设置。将图层面板中图层 2 的图层混合模式设置为“强光”，把工具箱中的前景色调整为浅蓝色，运用设置的画笔在新建的图层 2 中单击，绘制出多个光点，效果如图 3-90 所示。

图 3-89

⊙步骤 10

连按 3 次 Ctrl+J 键将当前的图层 2 复制出 3 个拷贝层，通过复制图层的叠加，光点效果变得更为强烈，如图 3-91 所示。

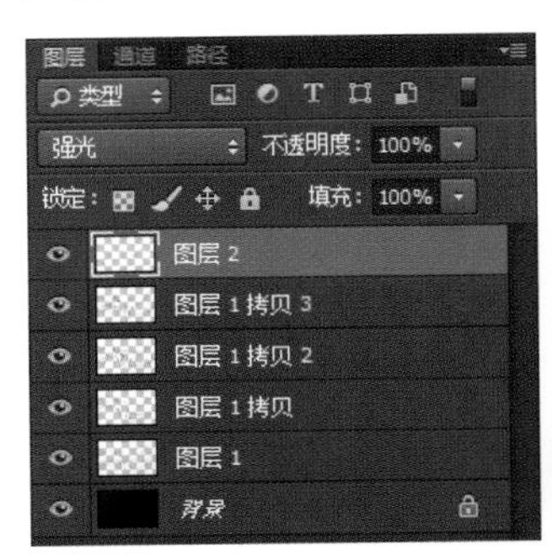

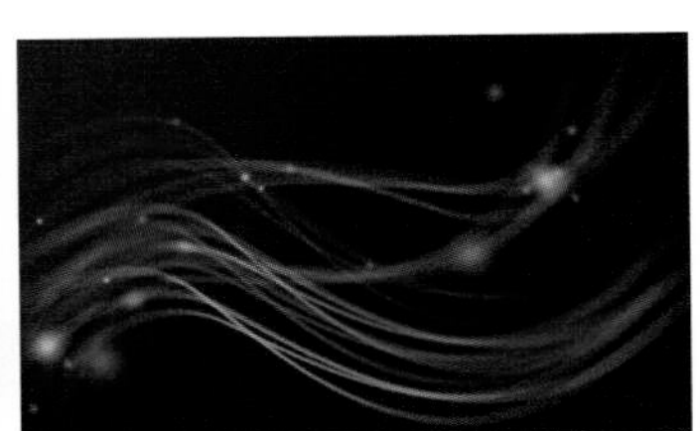

图 3-90

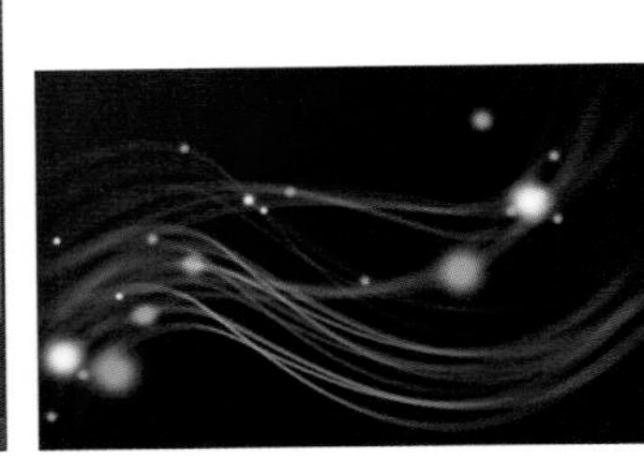

图 3-91

⊙步骤 11

调整工具箱中的前景色，运用渐变工具，在渐变面板中选择第 1 排左数第 2 个渐变模式（前景色到透明的渐变模式），如图 3-92 所示。在图层面板中，在最顶层按 Ctrl+Shit+N 键新建空白的图层 3，在图层 3 中用渐变工具从图像左上角向下拖拽，制作出透明渐变效果，如图 3-93 所示。

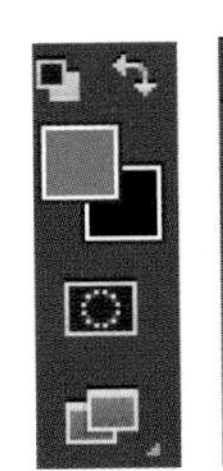

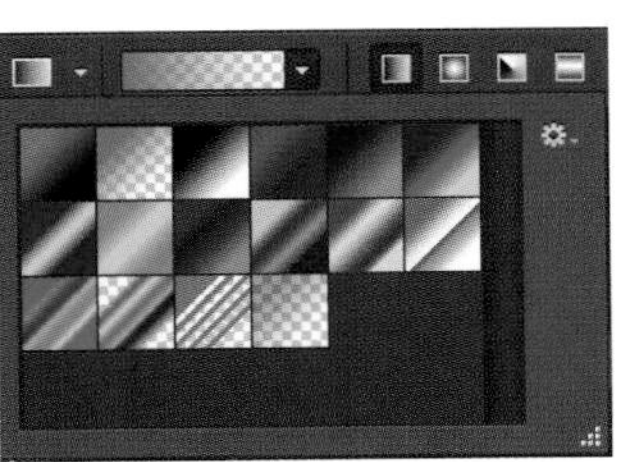

图 3-92

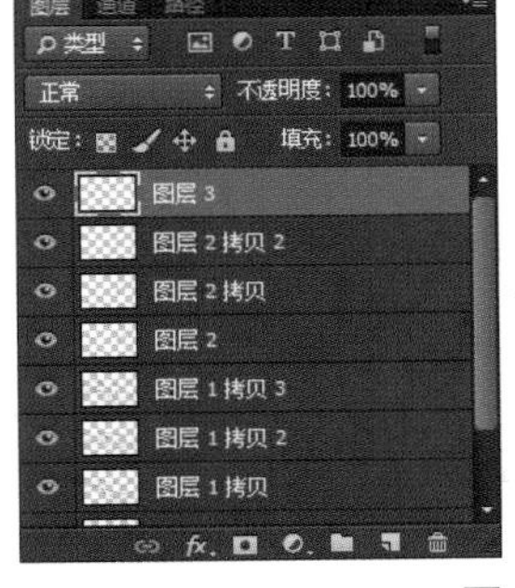

图 3-93

⊙**步骤 12**

将图层 3 的混合模式改为“柔光”，让渐变效果进一步融入画面中，最终效果即完成，如图 3-94 所示。

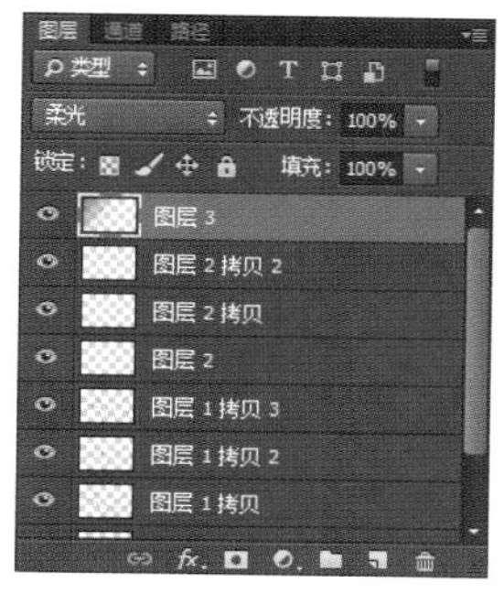

图 3-94

3.3 文字编辑与应用

用 Photoshop 处理图片时，经常需要在图片中输入一些文字信息。同时，文字的设计也是图像设计中很基础的环节，编辑、制作、设计文字就必须使用到 Photoshop 中的文字工具。

3.3.1 文字工具

在 Photoshop 工具箱中，文字工具可直接创建横排文字、直排文字、横排文字蒙版及直排文字蒙版，按属性可以分为“文字”和“文字蒙版”两大类，如图 3-95 所示。

图 3-95

横排文字工具 T 是最基本的文字编辑工具，可以在水平方向上创建文字。键入文字的方法是拖动光标到图像中需要键入文字的地方，单击鼠标，当光标变为竖线形状时键入所需的文字即可。输入文字后，图层面板会将所输入的文字自动作为 1 个独立的文字层，我们可以针对文字层进行相关图层功能的效果设置。针对文字的相应调节，文字工具选项栏中会显示针对该工具的一些属性设置，如图 3-96 所示。

图 3-96

当需要输入横排段落文字时，可直接选中横排文字工具，单击鼠标左键在文件中拖拽出段落的范围框架，如图 3-97（a）所示。键入的文字会排列在拖拽出的范围框架内，形成段落文字，用光标将所输入文字选中，文字即处于可编辑状态，如图 3–97（b）所示。

(a)

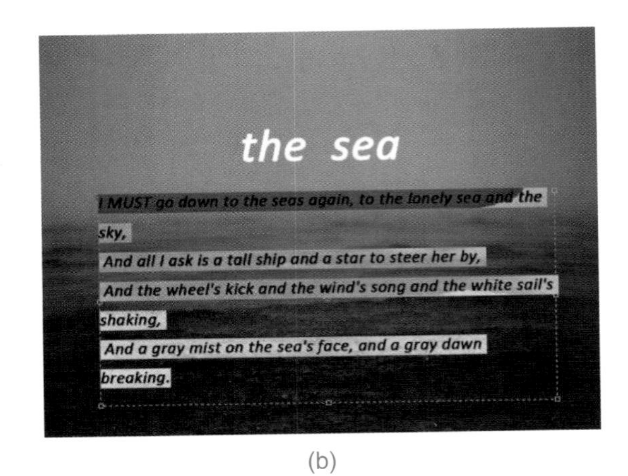

(b)

图 3–97

为了增添段落的艺术效果，可以将段落文字使用文字工具选项栏中的“变形文字”工具改变文字的排列状态。在“变形文字”对话框中可以选择具体的变形样式，为选择的样式调节相应的参数，图像中的段落文字即会随之变化，如图 3–98 所示。

在图层面板中，将段落文字层的图层混合模式设置为“叠加”，段落文字即可与背景融合，产生更为强烈的艺术效果，如图 3–99 所示。

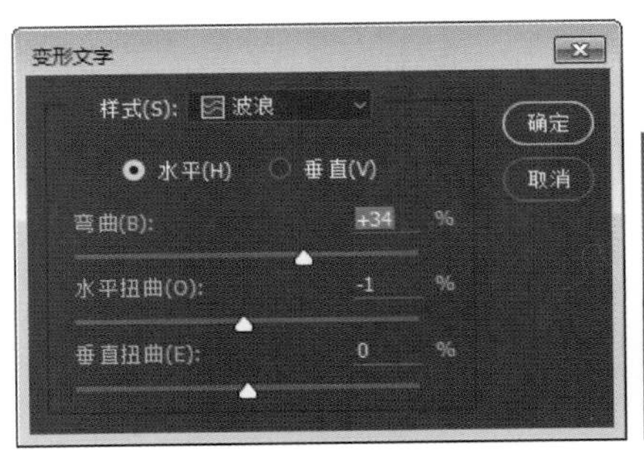

图 3–98

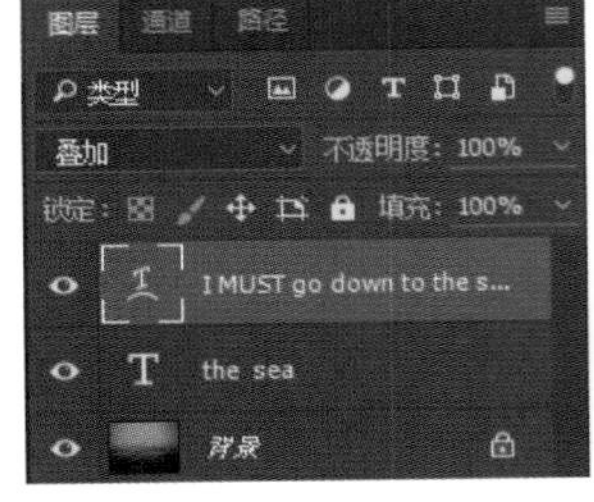

图 3–99

直排文字工具的原理与横排文字工具的一样，即使用直排文字工具输入文字，文字为竖版排列。

横排文字蒙版工具、直排文字蒙版工具同横排文字工具、直排文字工具的区别在于，横排、直排文字工具是输入单纯的文字，输入文字时图层面板中会自动建立文字图层，文字与背景为独立存在的个体，而文字蒙版工具是在文件中创建文字形的蒙版。

3.3.2　文字面板

在文字面板中，我们可以有针对性地对文字以及段落进行更为细致的调整和设置，结合上一小节的实例，我们可以对文字面板的应用有更形象的认知。文字面板包括字符面板和段落面板。

⊙步骤 1

在工具箱中调出横排文字工具，在当前图像右侧拖拽出一个段落范围框，如图 3–100 所示。

在选项栏中可以选择文字的字体、文字的粗细、文字的大小、文字的锐利度、文本的排列方向、文字的填充色及文字的变形。也可以执行“窗口 > 字符”，调出字符面板，对文字进行更为详细的选项调节。在字符面板中进行参数设置，在范围框内输入文字，如图 3-101 所示。

图 3-100

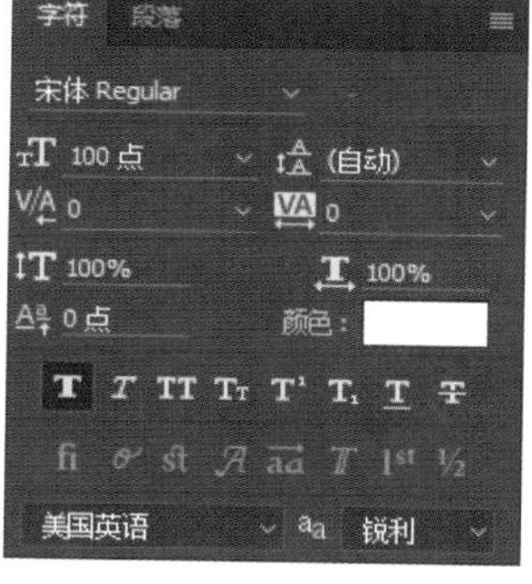

图 3-101

⊙**步骤 2**

进一步修改字符面板中的参数，调整段落文字的大小和字距，如图 3-102 所示。切换到段落面板，将段落的对齐方式调整为“左对齐文本”，如图 3-103 所示。

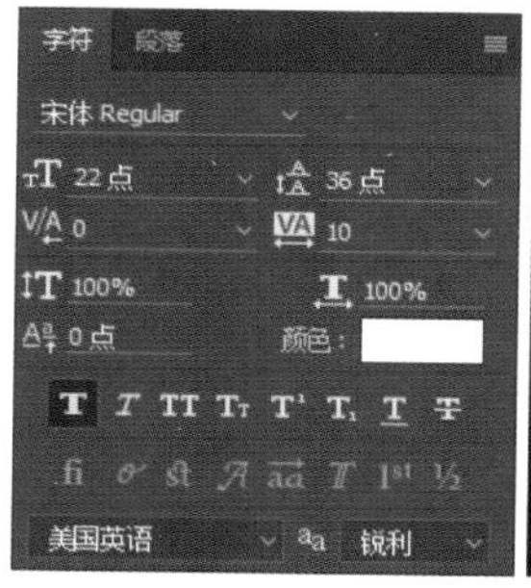

图 3-102

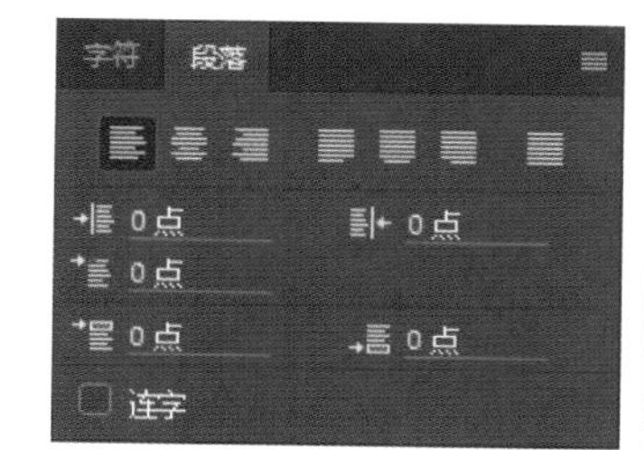

图 3-103

⊙**步骤 3**

在图层 2 上方新建空白图层 3，选中工具箱中的矩形选框工具，在图层 3 中参照段落文字的面积绘制出矩形的选区，如图 3-104 所示。

⊙**步骤 4**

设置前景色为 C71、M47、Y40、K0，填充前景色，如图 3-105 所示。

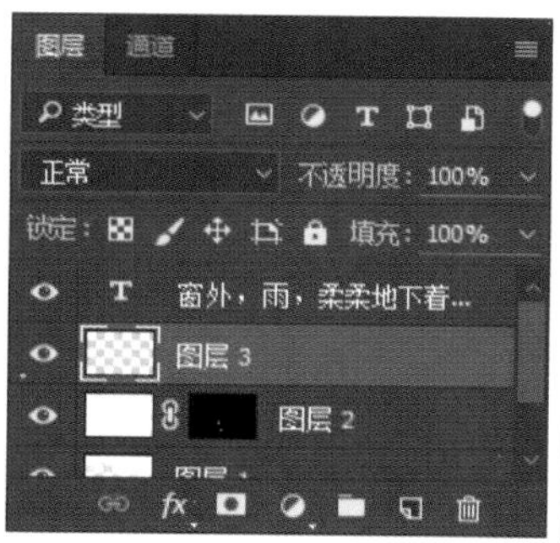

图 3-104

图 3-105

⊙**步骤 5**

在图层面板中将图层 3 的图层混合模式设置为“线性加深”，完成最终效果，如图 3-106 所示。

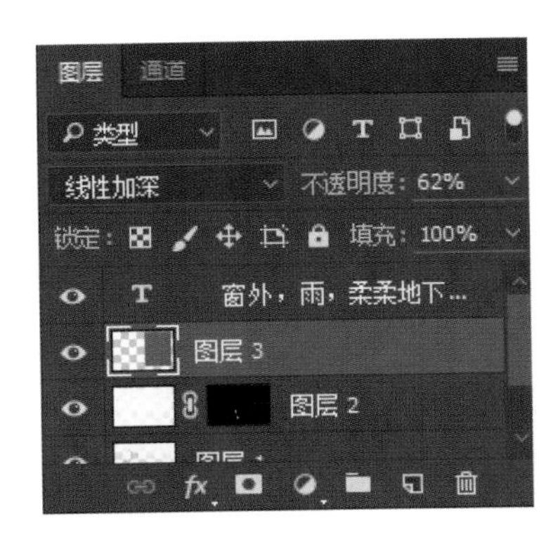

图 3-106

通过这个实例练习文字面板中参数的调节方法，结合上一小节的文字蒙版及文字工具，我们可以对文字在 Photoshop 中的设置和应用有更为清晰的理解。

3.3.3 路径文字

在 Photoshop 中文字排版最直接的形式是输入横排、竖排走向的文字，若想制作更具动态或艺术感的版式，我们可以在文字面板中使用“变形文字”的选项，但因其样式有限，所以扩展性和操作性并不强。

使用“路径文字”可完全解决这方面的问题，我们可以根据自己的设计需要制作出沿任何轨迹、方向排列的文字。我们不仅可以在填充图形的外框路径上制作路径文字，也可以单独绘制路径制作路径文字，这样不用再去隐藏形状图层，可直接得到路径文字效果。

我们在文件中用钢笔工具绘制出一条曲线路径，如图 3-107 所示。路径绘制完后，在路径上单击光标，输入的文字即会紧密依附在绘制的路径上，如图 3-108 所示。

在实际的设计案例中，我们通过运用路径文字可以极大地丰富文字版式效果，结合图像内容制作出更加有设计感的版式效果，如图 3-109 所示。

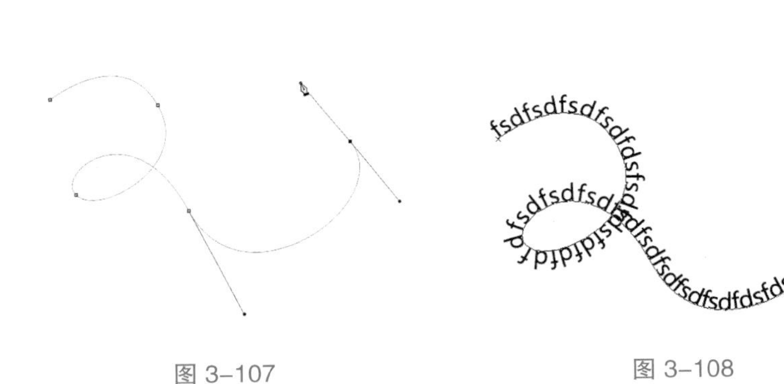

图 3-107　　图 3-108

图 3-109

3.3.4 实战——疾驰的文字

在 Photoshop 中，用文字工具生成的文字在图层面板中的属性为文字层。文字层可以被编辑，如更改内容、字体、字号、字距等。其缺点是无法使用 Photoshop 中的一些针对图像进行特效制作的工具，如绘画工具、滤镜工具（在第 4 章中会有详细介绍），而使用栅格化命令将文字栅格化，即将文字转换成图像，就可以制作更加丰富的效果。通过以下简例，可以更形象地认知栅格化文字的概念和特点。

⊙步骤1

在背景层上输入文字，图层面板的背景层上方会自动建立文字层，如图3-110所示。

图 3-110

用光标框选文字，在字符面板中对文字进行字体、倾斜度的修改，亦可进行更多针对文字的修改，如图3-111所示。

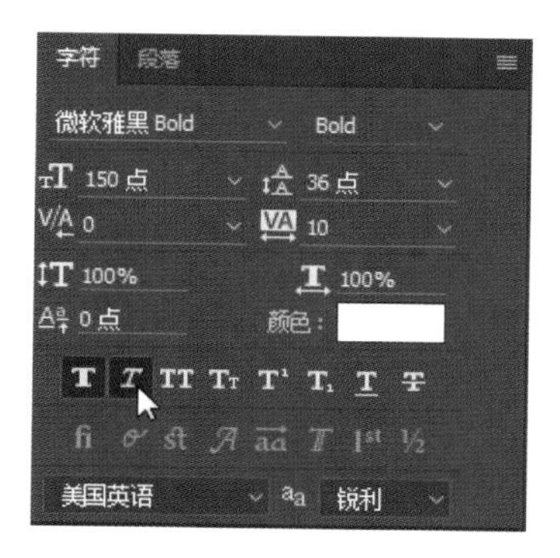

图 3-111

在文字未栅格化前，对文字只能进行文字面板中相应的修改，最大的优势是可以随时进行文字段落内容的修改，校稿时会很方便。但若想为文字增添更加艺术化的特效，就必须将文字转换为图像（即栅格化文字）后，才能运用相应的增效工具。

⊙步骤2

在文字层上单击鼠标右键，执行“栅格化文字”，如图3-112所示。将文字栅格化后，文字层即转换成了像素图层，在图层面板中我们能明显地看到图层显示的变化，如图3-113所示。

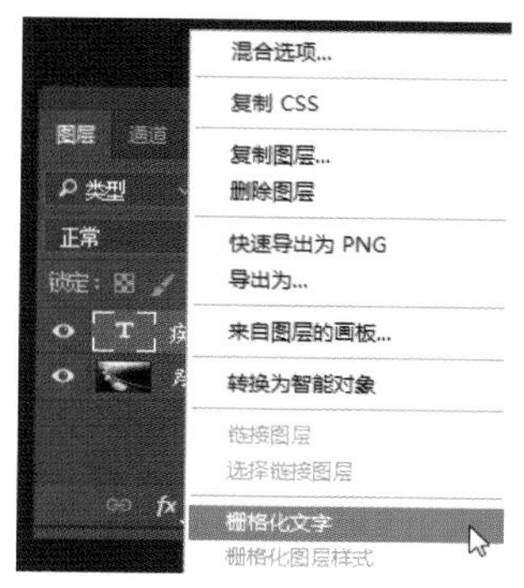

图 3-112

图 3-113

提示：文字层转换为像素图层后，文字面板中的所有功能将不能使用，文字的内容也不能再修改，因此在执行“栅格化文字”前，我们务必要将所有文字校对无误。

⊙**步骤 3**

执行“滤镜 > 风格化 > 风”，在“风”对话框中进行设置，给文字制作出速度感，如图 3–114 所示。单击“确定”按钮，即可看出栅格化后的文字效果，通过添加滤镜工具，相比先前的文字层有了更加丰富的质感，如图 3–115 所示。

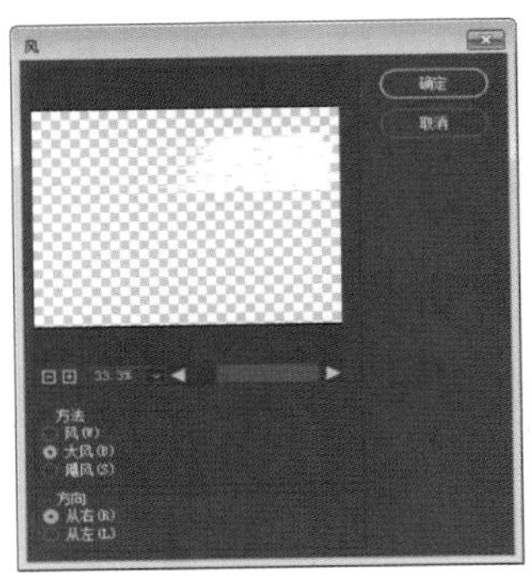

图 3–114

图 3–115

⊙**步骤 4**

对栅格化后的文字可以进行更深入的特效处理，调出工具箱中模糊工具内隐藏的涂抹工具。在涂抹工具面板中选择合适的画笔，调节相应参数，如图 3–116 所示。在当前图层中对文字效果进行向左侧的涂抹，令文字效果更具速度感，如图 3–117 所示。

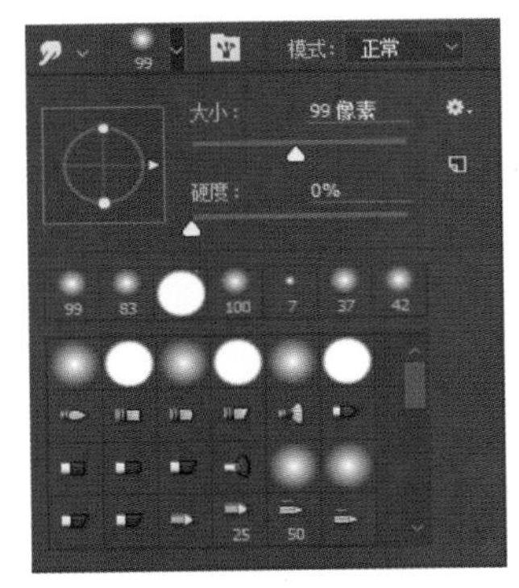

图 3–116

图 3–117

⊙**步骤 5**

在图层面板中将当前图层的图层混合模式切换为“叠加”，文字效果与背景产生融合层叠的效果，如图 3–118 所示。

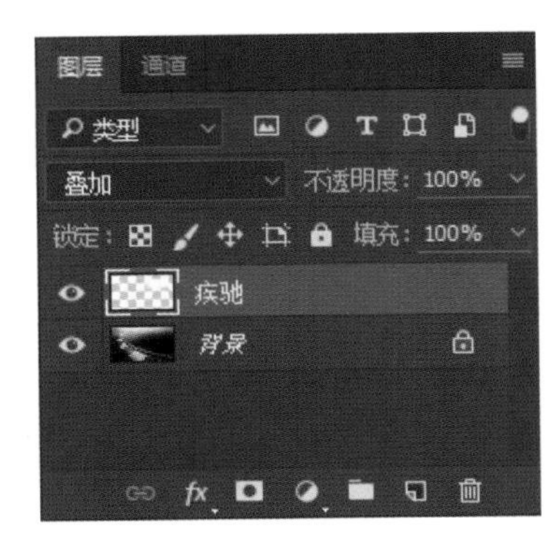

图 3–118

⊙步骤 6

按 Ctrl+T 键复制当前图层，两个图层的叠加令文字效果更为明亮清晰，如图 3–119 所示。

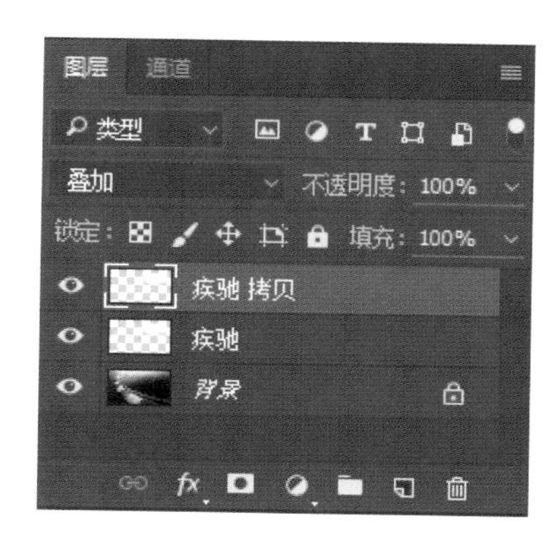

图 3–119

⊙步骤 7

按 Ctrl+T 键再次复制当前图层，将图层混合模式改为“正常”，如图 3–120 所示。单击图层面板下方的“添加图层蒙版”图标，给当前图层添加图层蒙版，如图 3–121 所示。

图 3–120

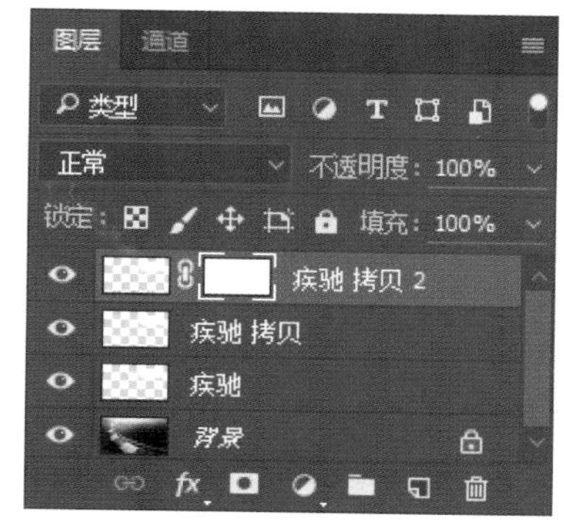

图 3–121

选择工具箱中的渐变工具，渐变工具选项栏中的设置如图 3–122 所示。在当前图层的图层蒙版中施加黑白渐变后，文字左侧在画面中即产生渐隐效果，如图 3–123 所示。

图 3–122

图 3–123

⊙步骤 8

使用文字工具，在当前文件上输入文字，图层面板中自动添加文字层，如图 3–124 所示。

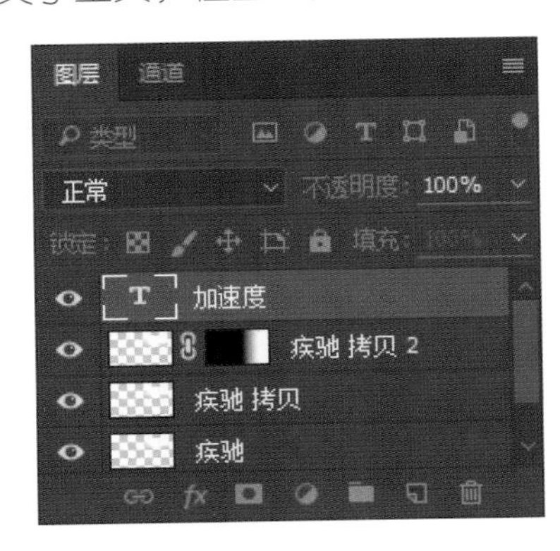

图 3–124

在字符面板中进行参数设置，最终效果如图 3–125 所示。

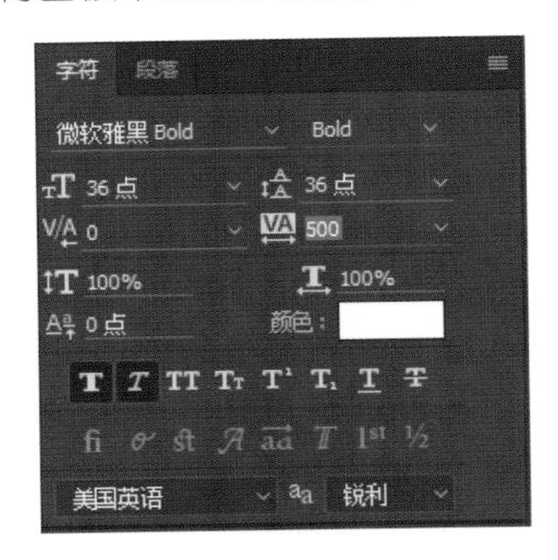

图 3–125

3.4 蒙版与通道

3.4.1 使用蒙版

蒙版是 Photoshop 的核心内容之一，我们可以将蒙版分为快速蒙版、矢量蒙版、剪切蒙版和图层蒙版。蒙版主要用于创建图层间图像的融合效果，局部调整图像。

以 Photoshop 中最常用的图层蒙版为例，在图层图像中使用椭圆选框工具，按 Shift 键画出正圆形选区，将选区移动到画面正中心，如图 3–126 所示。单击图层面板下方的“添加图层蒙版”图标，为背景层添加图层蒙版，背景层上的圆形选区即嵌入图层蒙版，双击背景层解锁成图层 0，如图 3–127 所示。添加图层蒙版后，图层效果发生变化，蒙版图标中白色圆形以外的黑色部分被隐藏，如图 3–128 所示。

图 3-126

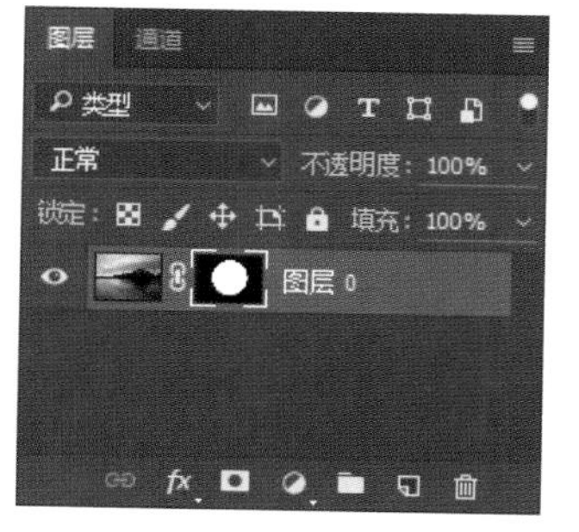

图 3-127

图 3-128

提示：在图层蒙版图标中，黑色代表不显示，灰色代表透明，白色代表完全显示。

若对蒙版效果不满意，可以停用图层蒙版。用鼠标右键单击图层，选择“停用图层蒙版”，蒙版显示上出现红叉，代表蒙版被停用，图像效果还原。若想去除蒙版，但将蒙版效果应用到图层图像中，可用鼠标右键单击图层，选择“应用图层蒙版”，图层即彻底转换为背景内容为透明空白的剪切图像效果，如图 3-129 所示。

除了对图层图像的外形进行修饰外，图层蒙版也可为上下图层图像制作出渐隐、过渡的效果。图中的背景层和图层 1 在未添加图层蒙版前，效果如图 3-130 所示。

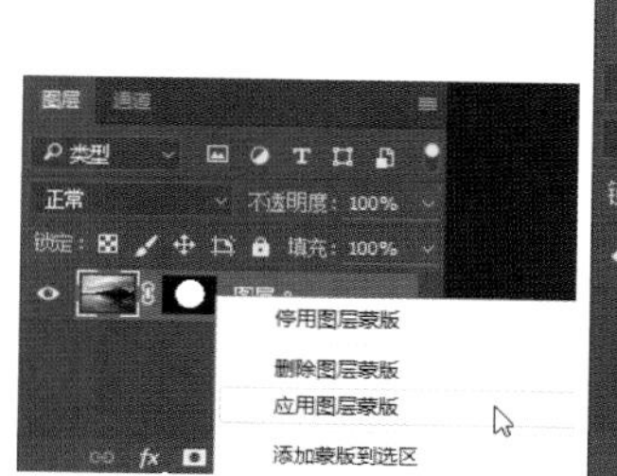

图 3-129

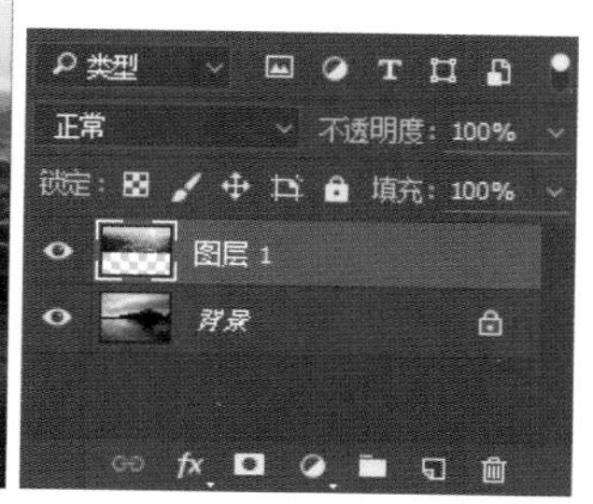

图 3-130

单击图层面板下方的“添加图层蒙版”图标，为图层 1 添加图层蒙版，如图 3-131 所示 。

选择工具箱中的渐变工具，在图层 1 图层蒙版中施加黑白渐变，图层 1 的下半部分渐变融合到了背景层中，如图 3-132 所示。

图 3-131

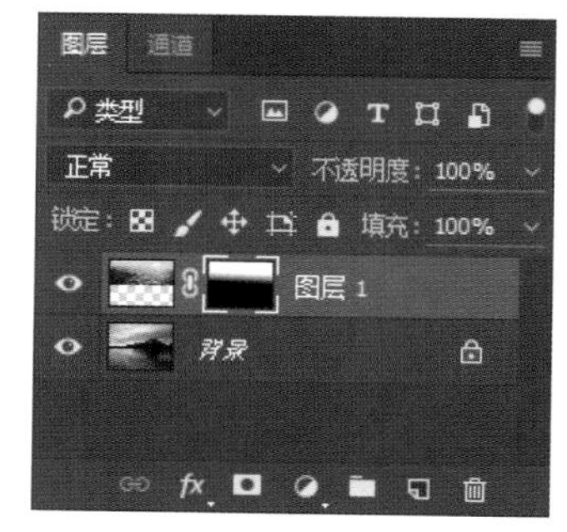

图 3-132

3.4.2 编辑通道

通道是 Photoshop 的另一核心环节，理解其意义可将其形象地概括为“分解和组合图像信息的专用频道”。通道面板集成在图层面板和路径面板之间，可以执行“窗口 > 通道”直接调出通道面板。在 Photoshop 中处理图像时，通道会根据图像的色彩模式将其逐一分解成专色的通道，每一个通道都集成其独立的颜色信息。我们所看到图像的正常色彩显示是其所有通道的混合（例如：图像的颜色模式为 CMYK，那么其就有 C、M、Y、K 四条专色通道；图像的颜色模式为 RGB，就有 R、G、B 三条专色通道）。

每条通道只集中各自的专色， RGB 颜色模式的通道中，R 通道内只有图像的红色信息，G 通道则只集中绿色信息，以此类推。隐藏某一通道，我们在图像中就可以看到剩余色彩的效果，如图 3–133 所示。

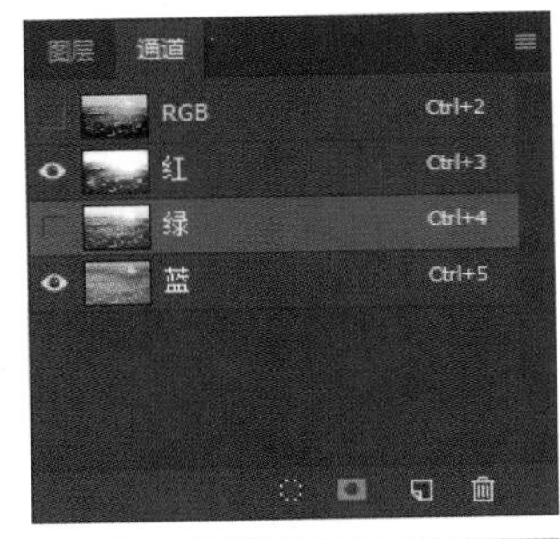

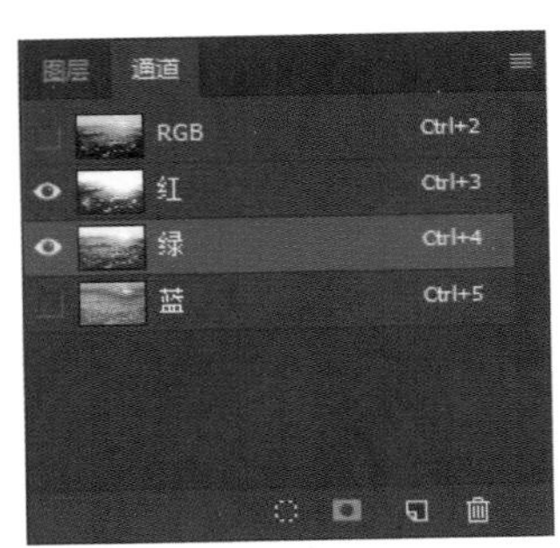

图 3–133

在 Photoshop 中制作图像的调色、精细图像的抠图、逼真的质感等，许多较为复杂的特效均离不开通道功能的运用。通道的基本作用有两点，一是进行图像的调色，二是制作图像混合效果。

1. 图像调色

当我们想改变图像中的特定色彩时，除了常用的一系列调整工具（“图像 > 调整 > 曲线” / “色彩平衡” / “可选颜色” / “色相 / 饱和度”）外，对图像的通道运用曲线或色阶工具，同样可达到色彩变化的效果。原始图像在未使用通道调色前，如图 3–134 所示。

图 3–134

在通道面板中逐一选择该图像的“红”“绿”“蓝”通道，按 Ctrl+M 键调出“曲线”对话框，可分别调节图像各通道信息，如图 3–135 所示。

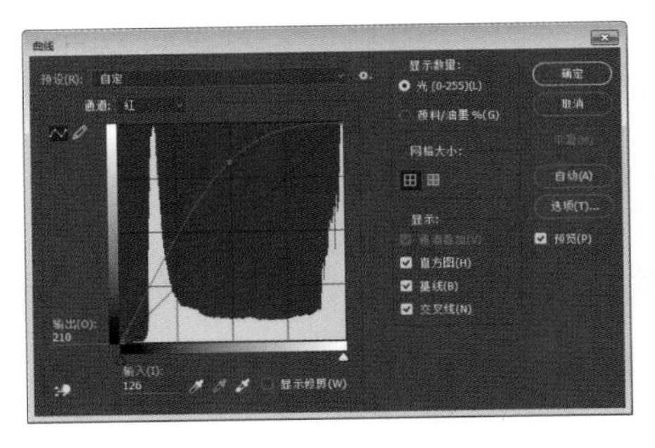

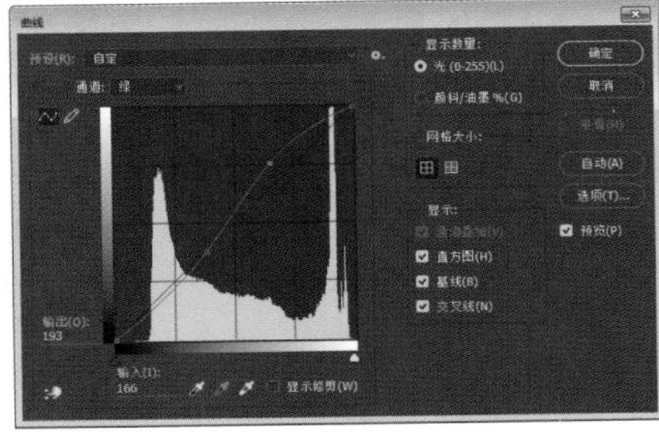

图 3–135

单击通道面板下方的“创建新通道”图标，即可在通道面板中新建空白通道“Alpha 1”，当通道中没有任何内容时，通道显示为黑色。选择工具箱中的渐变工具，在“Alpha 1”通道内施加黑白渐变，通道内由黑色变为黑白渐变效果。单击通道面板下方的“将通道作为选区载入”图标，即可将“Alpha 1”中的白色及灰色部分作为选区载入，如图 3-136 所示。

图 3-136

> 提示：将通道作为选区载入时，通道内白色区域代表全选区域，灰色区域代表透明选择区域，黑色区域代表非选择区域。

通道面板回到 RGB 模式，当前图像显示为经调色后 RGB 的三色混合效果。“Alpha 1”通道中创建的选区亦载入图像中，如图 3-137 所示。

执行“图像 > 调整 > 去色”（快捷键 Shift+Ctrl+U），即可将图像中渐变模式选区内的图像去色，如图 3-138 所示。由此可见，利用通道的分色原理，我们可以进行分类别调色，亦可通过新建通道创造选区进行局部调色。利用通道调色与普通的调色方法相比较更为细腻。

图 3-137

图 3-138

2. 图像混合效果

打开一张图像时，其通道面板中只会显示该图的模式信息，如图 3-139 所示。

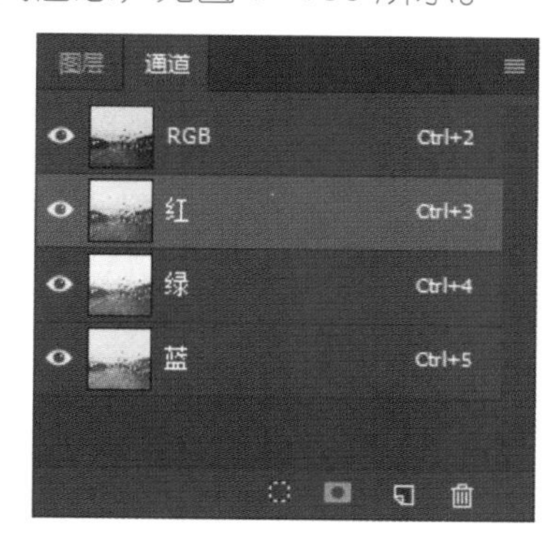

图 3-139

打开另一张图像，按 Ctrl+A 键将图像全选，再按 Ctrl+N 键将当前内容复制，如图 3-140 所示。回到第一张图像的通道面板，单击红色通道，按 Ctrl+V 键即可将刚复制的图像粘贴到第一张图像的红色通道中，得到奇妙的混合效果，如图 3-141 所示。

图 3-140

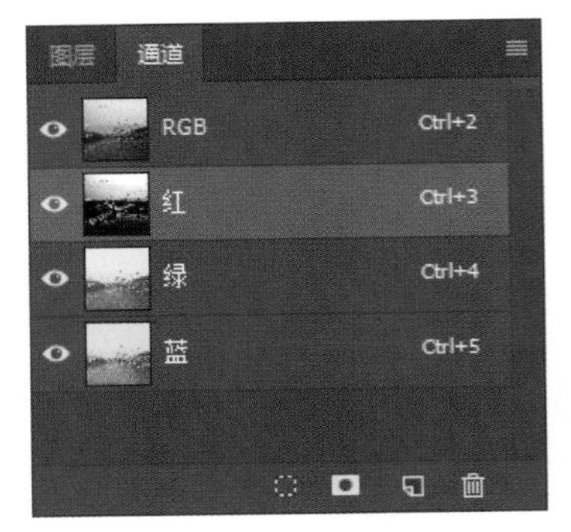

图 3-141

执行“图像 > 调整 > 曲线”（快捷键 Ctrl+M），调整曲线参数即可将效果强化，如图 3-142 所示。由此可见，将一张图像选中复制，而后粘贴到另一图像的任何一通道，即可产生神奇的图像混合叠加效果。

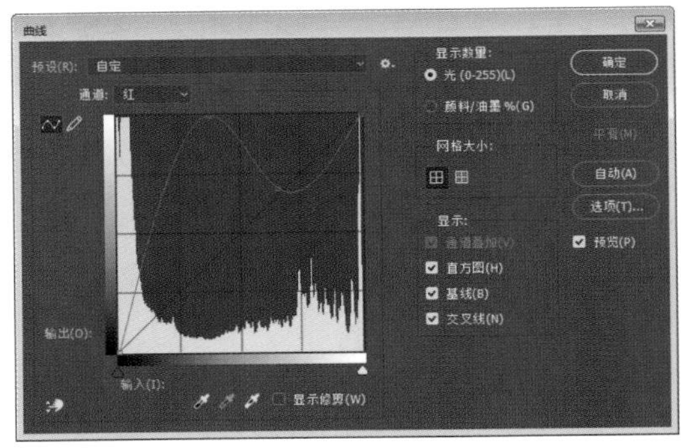

图 3-142

3.4.3 通道抠图

在 Photoshop 中除了基本的调色和混合图像功能外，通道更强大的作用是可以对复杂烦琐的图像（如头发、皮毛等复杂外形）进行抠图。利用通道抠图比运用选择工具、魔棒工具、编辑选择色彩范围等一般抠图方法要精细很多，我们可以通过一个具体实例来体验通道抠图的强大作用。

⊙步骤 1

打开素材图片（图片素材来源于网络），展开其通道面板，找到黑白效果对比最强烈清晰的通道，选中该通道（该图片绿色通道效果最好），如图 3-143 所示。

图 3-143

⊙步骤 2

单击鼠标右键，选择“复制通道”，在“复制通道”对话框中单击“确定”按钮，当前通道面板中即复制出了绿色通道的拷贝，单击选中拷贝的绿色通道，如图 3-144 所示。执行“图像 > 编辑 > 反相”，将当前通道内的黑白关系颠倒，如图 3-145 所示。

图 3-144

将工具箱中的前景色设置为白色，选中工具箱中的画笔工具，在画笔工具选项栏中进行设置。运用设置好的白色画笔将图像中人物内部的黑色细节填涂，如图 3-146 所示。人物边缘的细节若不便用画笔工具填涂，可调出工具箱中的多边形套索工具。将套索切换到“添加到选区”模式，在人物边缘未填充白色的细节区域，用多边形套索工具仔细选中，如图 3-147 所示。

按 Alt+Delete 键将框选的区域填充白色，如图 3-148 所示。

图 3-145

图 3-146

图 3-147

图 3-148

⊙步骤 3

执行“图像 > 调整 > 曲线”，在“曲线”对话框中进行调节，加强图片的对比关系，如图 3-149 所示。再次执行“图像 > 调整 > 曲线”，在“曲线”对话框中进行调节，进一步加强图片的对比关系，直至图片呈现出强烈的黑白对比关系，如图 3-150 所示。

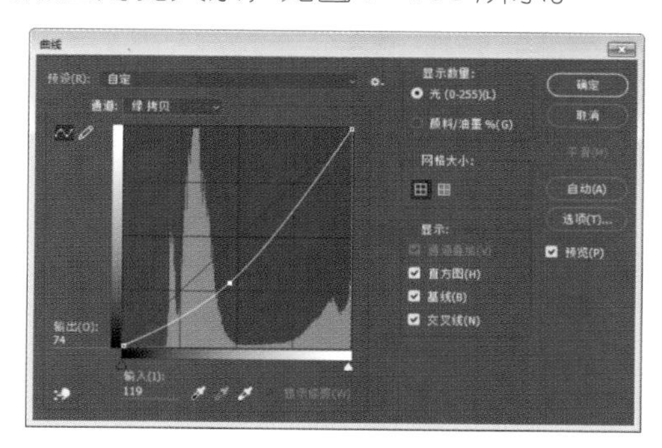

图 3-149

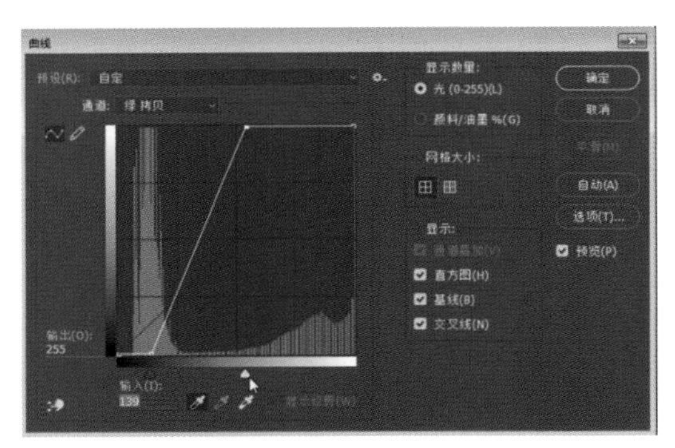

图 3–150

⊙步骤 4

用多边形套索工具将所有人物部分粗略选中，如图 3–151 所示。执行“选择 > 反向”，将当前选区反向选择，图像的大部分背景成了选区，如图 3–152 所示。

图 3–151

图 3–152

调出曲线工具，选择“曲线”对话框内曲线图下方“输入”中的“在图像中取样设置黑场”图标，然后用在图像背景部分灰色区域单击，灰色完全加强为黑色，选区内的背景完全变成了黑色（可重复多次操作），效果如图 3–153 所示。

图 3–153

⊙步骤 5

按 Ctrl+D 取消当前选区，将画笔设置成黑色，把人物腿部外背景的灰色区域填涂为黑色，通过以上步骤，在复制的绿色通道中制作出了精确的黑白剪影效果，我们可以着重观察人物剪影的头发边缘效果，如图 3–154 所示。

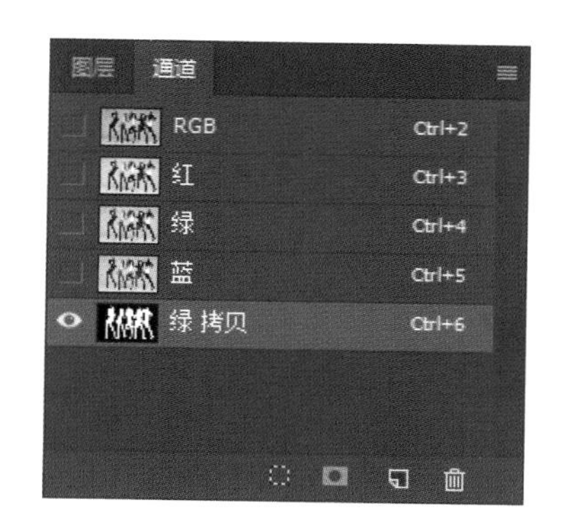

图 3-154

单击通道面板下方的“将通道作为选区载入”图标，当前通道中的人物剪影即成了选区，如图3-155所示。

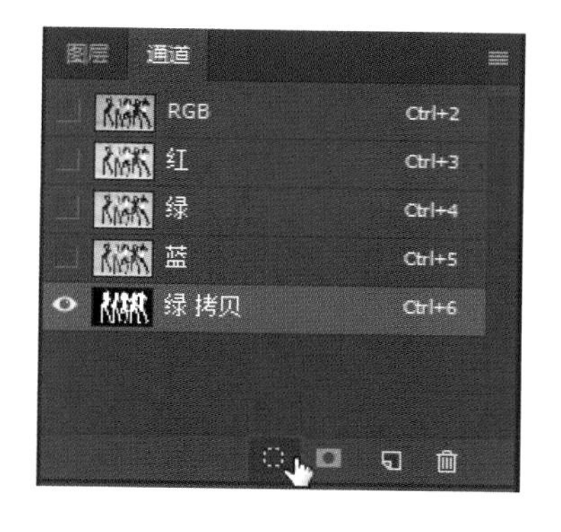

图 3-155

⊙步骤 6

在通道面板中按 Ctrl+2 键回到 RGB 模式，在图层面板中单击背景层，按 Ctrl+J 键，将背景层人物选区内的内容复制到新的图层 1 中，同时将背景层隐藏，如图 3-156 所示。

回到背景层，单击鼠标右键，选择“删除图层”，原始背景图像被删除，复杂的人物即利用通道被抠出背景，如图 3-157 所示。通过观察头发的细节，我们可充分认知通道抠图效果的精准，如图 3-158 所示。

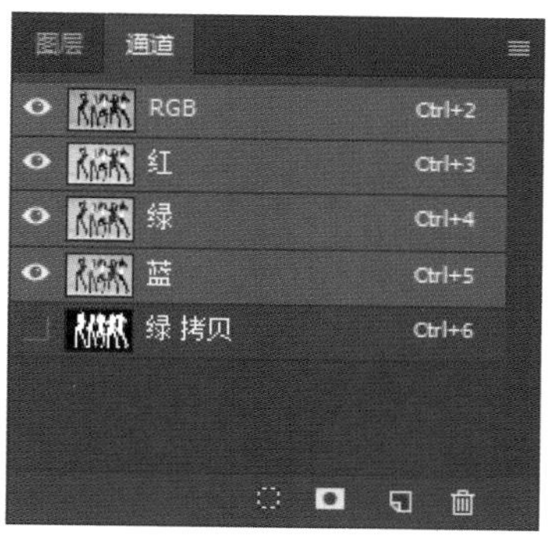

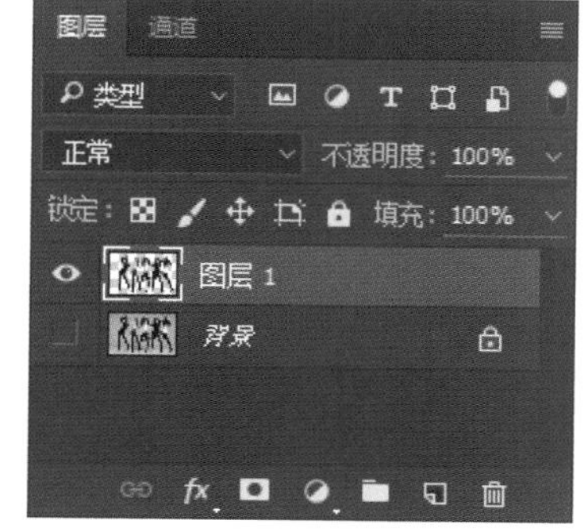

图 3-156

图 3-157

图 3-158

⊙步骤 7

复杂的图像从背景中分离出来后，我们可以为其自由添加新的背景。在图层面板中新建图层 2，将图层 2 拖到图层 1 下方并填充渐变色，如图 3-159 所示。

图 3-159

3.4.4 实战——制作优雅图像混合效果

⊙步骤 1

选择素材图像通道面板中的蓝色通道，如图 3-160 所示。单击鼠标右键，选择“复制通道”，进入复制的蓝色通道，如图 3-161 所示。

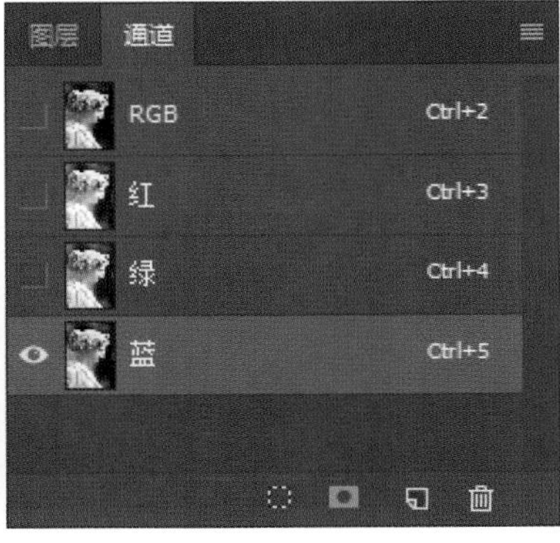

图 3-160

图 3-161

在复制的蓝色通道中调出曲线工具，单击“曲线”对话框内曲线图下方“输入”中的“在图像中取样设置白场”图标，在雕塑的亮色部分吸附，将图像的白色区域效果加强，如图 3-162 所示。

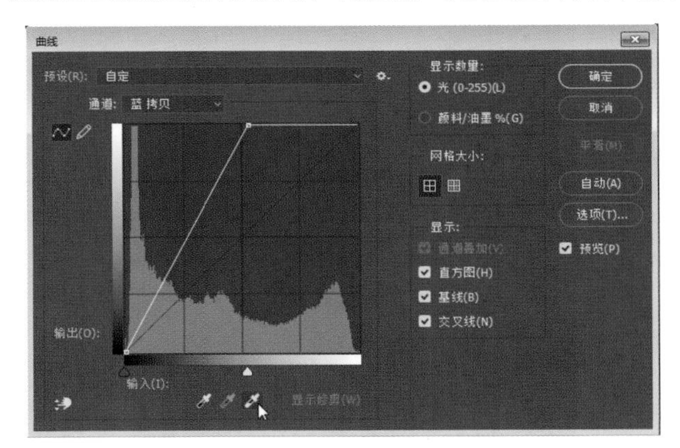

图 3-162

⊙**步骤 2**

执行“图像 > 调整 > 色阶”，在“色阶”对话框中进行设置，进一步加强画面的黑白对比关系，如图 3-163 所示。

将工具箱中的前景色设置为白色，用多边形套索工具将雕塑的深色细节框选，按 Alt+Shift 键将选区填充，而后按 Ctrl+D 取消选区，如图 3-164 所示。

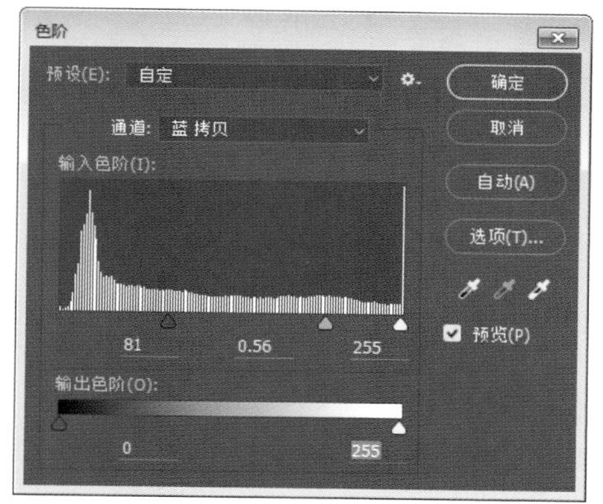

图 3-163

图 3-164

⊙**步骤 3**

执行“曲线”命令，单击“曲线”对话框曲线图下方“输入”中的“在图像中取样设置黑场”图标，在当前图像背景的灰色区域吸附，背景就与雕像形成黑白对比鲜明的剪影效果，如图 3-165 所示。

⊙**步骤 4**

将素材“神殿”图像移动到当前雕塑背景层上方，建立图层 1，如图 3-166 所示。

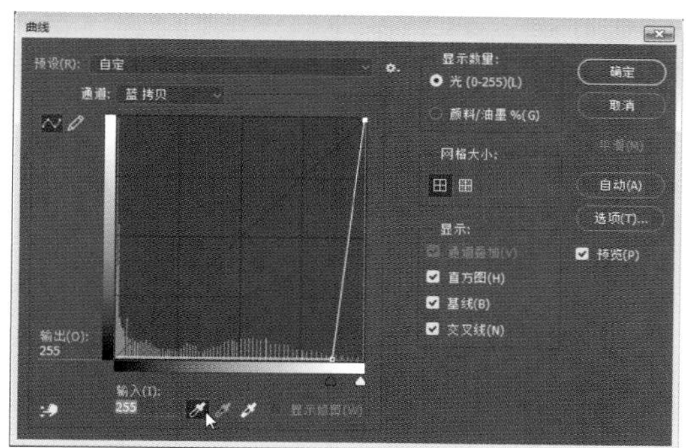

图 3-165

图 3-166

⊙**步骤 5**

切换回通道面板，单击通道面板下方的“将通道作为选区载入”图标（见图 3-167），当前通道中的雕像剪影即成了选区。在图层 1 中单击图层面板下方的“添加图层蒙版”图标，将当前通道创造的选区载入图层 1 的图层蒙版中，效果如图 3-168 所示。

当前通道选区经过载入图层蒙版后，通道名称自动变更为“图层 1 蒙版”，单击鼠标右键，选择“复制通道”，将通道再次复制，如图 3-169 所示。

图 3-167

图 3-168

图 3-169

⊙步骤 6

选中工具箱中的渐变工具，在渐变工具选项栏中进行设置，如图 3-170 所示。

图 3-170

单击通道面板下方的“将通道作为选区载入”图标，将当前复制通道中的雕像剪影作为选区，在该选区内拖拽出黑白渐变，按 Ctrl+D 取消选区，效果如图 3-171 所示。再次单击下方的“将通道作为选区载入”图标（见图 3-172），将当前复制通道中的渐变雕像剪影效果转换为选区。

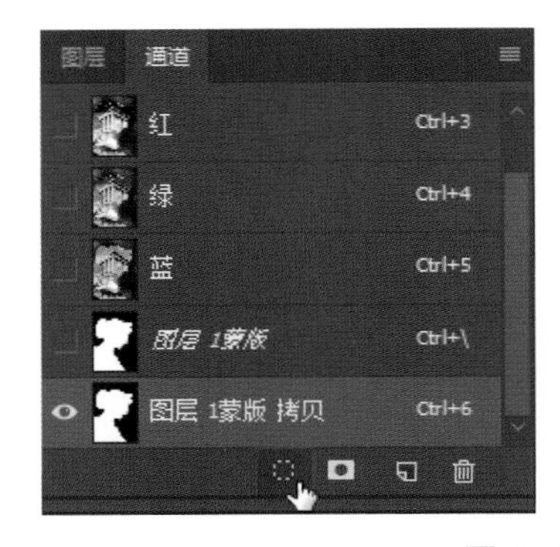

图 3-171

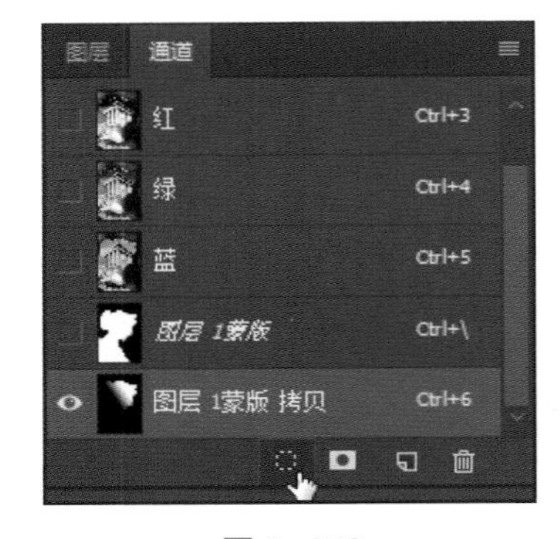

图 3-172

⊙步骤 7

在图层面板中将图层 1 隐藏，可发现背景层的雕像中出现了渐变选区，效果如图 3-173 所示。

图 3-173

在背景层中按 Ctrl+J 键，将当前渐变选区内的内容复制到新的图层 2 中，将图层 2 拖动到最顶层，并将背景层隐藏，可看到雕像和神殿有了奇妙的融合效果，如图 3–174 所示。

图 3–174

选中图层 2，执行“图像 > 调整 > 去色”（快捷键 Shift+Ctrl+U），为图像去色，再执行“曲线”命令，在“曲线”对话框中进行图 3–175 所示的参数设置。经过曲线调整，加强了图层 2 中渐隐雕塑的强度，效果如图 3–176 所示。

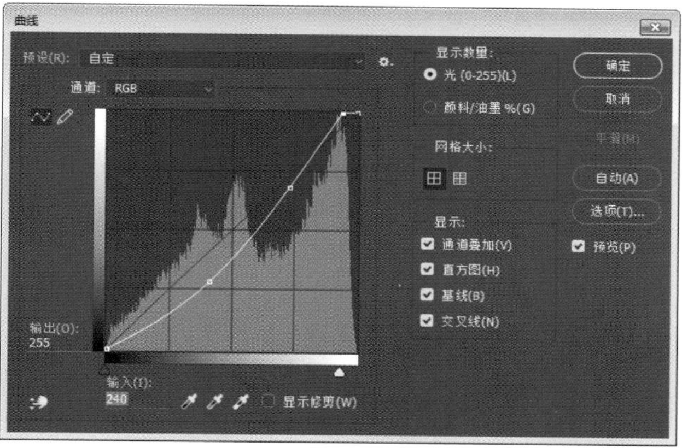

图 3–175

图 3–176

⊙步骤 8

切换回图层 1，执行“图像 > 调整 > 去色”，为图像去色，画面变为黑白效果，如图 3–177 所示。

图 3–177

⊙步骤 9

单击图层面板下方的“创建新的图层”图标，在当前图层上新建空白图层 3，并将图层 3 拖动到图层 1 下方，如图3–178 所示。确保工具箱中的背景色为黑色，按 Ctrl+Delete 键为图层3 填充黑色背景色，如图3–179 所示。

图 3–178

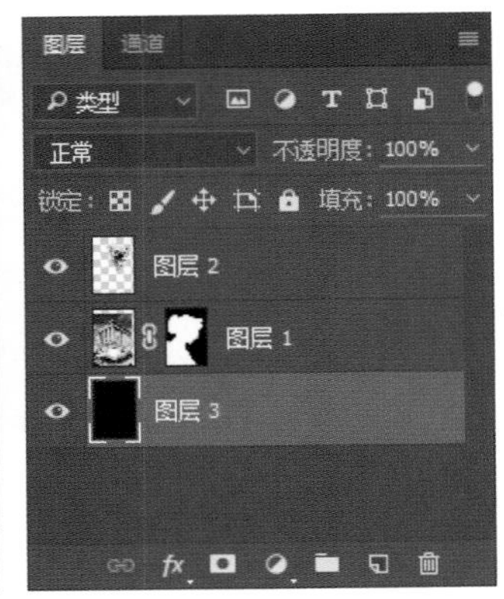

图 3–179

⊙步骤 10

在图层 2 上方输入文字“Greece”，在字符面板中进行参数设置，将文字在画面中调整好位置，如图3–180 所示。

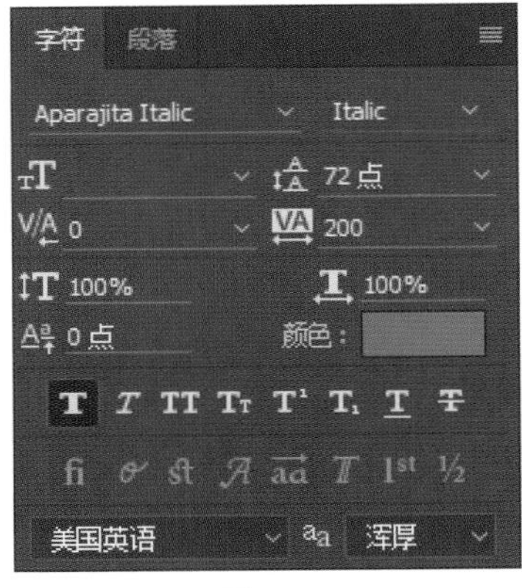

图 3–180

双击文字层，调出图层样式，进行图 3–181 所示的设置，为文字增添立体的艺术效果。

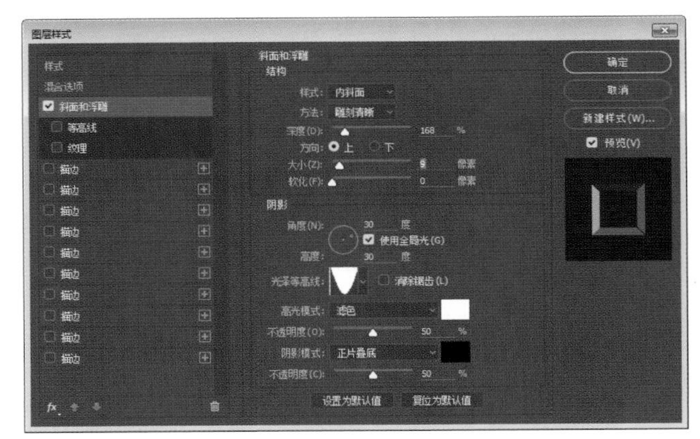

图 3–181

⊙步骤 11

回到图层 2，把文字层与图层 3 隐藏，执行“图层 > 合并可见图层”（快捷键 Shift+Ctrl+E），将图层 2 与图层 1 合并为一层，如图 3–182 所示。单击图层面板下方的“添加图层蒙版”图标，为图层 2 添加图层蒙版，如图 3–183 所示。

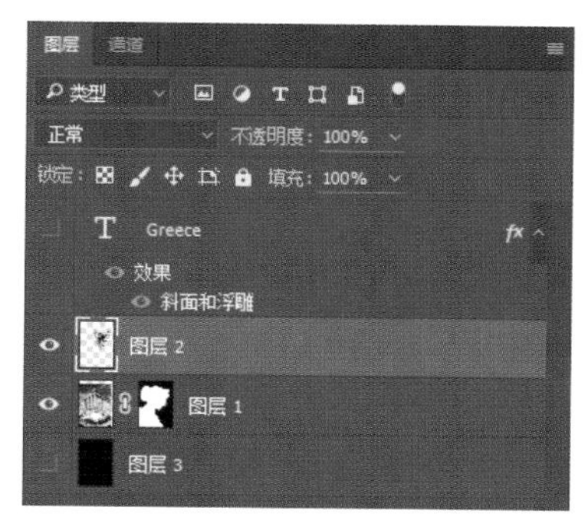

图 3–182

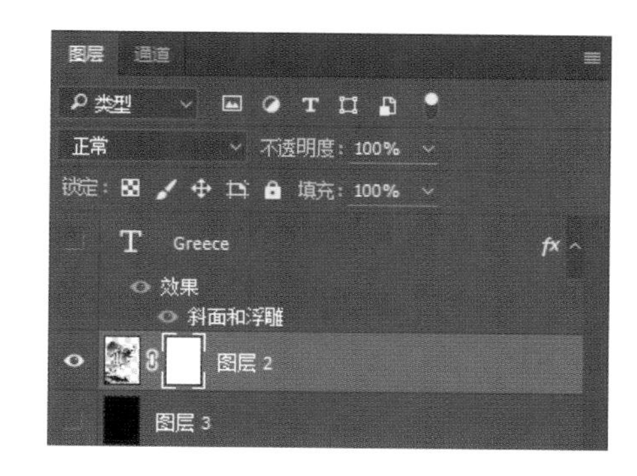

图 3–183

⊙步骤 12

在工具箱中选中渐变工具，对渐变工具选项栏进行设置，如图 3–184 所示。

图 3–184

将设置好的渐变应用于图层 2 蒙版中，在蒙版形状的左下角拖拽出对比较强烈的渐变效果，图层图像的左下角外形边缘即产生了切割效果，如图 3–185 所示。单击鼠标右键，选择“应用图层蒙版”，图层中蒙版显示消失但效果被应用到图层中，如图 3–186 所示。

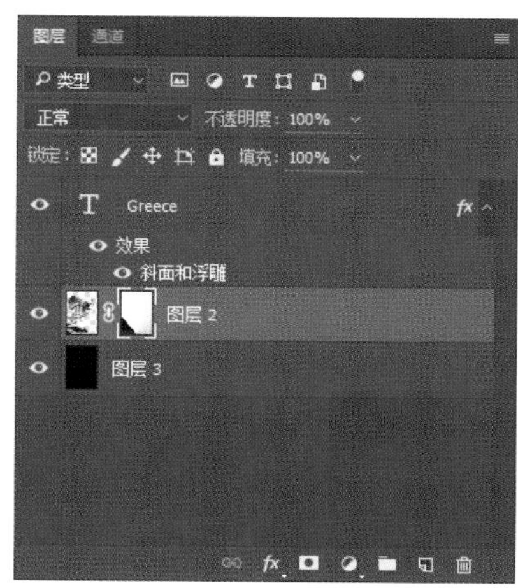

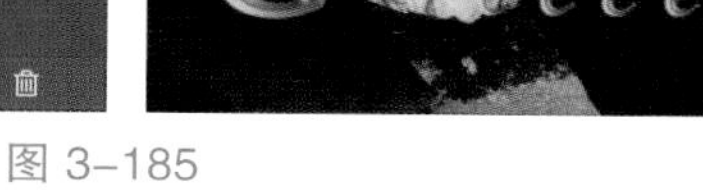

图 3–185

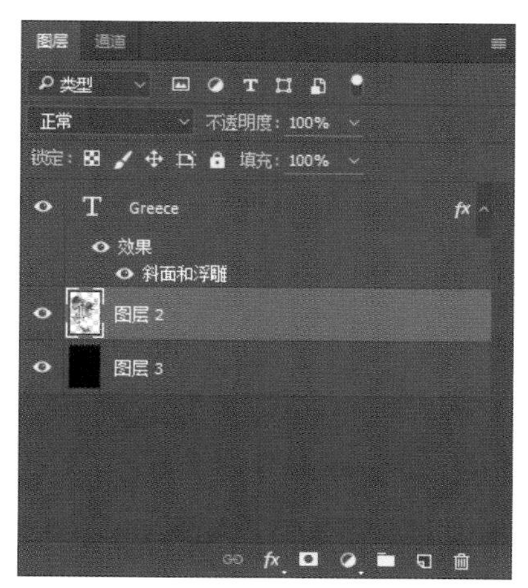

图 3–186

⊙步骤 13

选择工具箱中的橡皮擦工具，在橡皮擦工具选项栏中进行参数设置，制作出合适的笔擦；用设置好的笔擦在图层 2 图像的外形边缘单击擦拭，让图像外形与背景更为融合，如图 3–187 所示。

⊙步骤 14

擦拭的最终效果如图 3–188 所示。

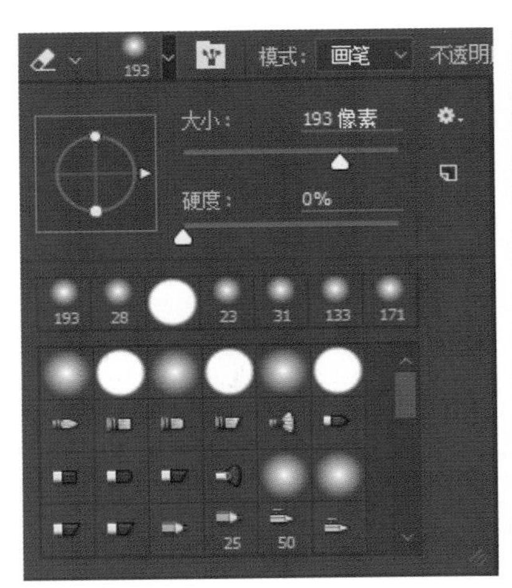

图 3-187

图 3-188

Photoshop Jichu Jiaocheng

第 4 章

特效的使用

【学习目标】

本章主要介绍 Photoshop 中常见的特效处理方法，而滤镜是 Photoshop 中增强图像特效的最强大的集成工具。通过本章的学习，我们应掌握各类滤镜的不同设置与应用，以及将滤镜与图层、通道、蒙版等核心内容相结合的重要功能。

【重要知识点】

（1）掌握各类滤镜库的设置与应用。
（2）能综合地将滤镜与之前所学内容相结合，创造出更具艺术个性的设计效果。
（3）了解 3D 的基本功能，掌握二维与三维之间转换的方法。

4.1 滤镜的使用

4.1.1 滤镜介绍

滤镜是 Photoshop 中最强大的特效处理工具，滤镜与图层、蒙版、通道的联合使用，往往能创造出令人惊叹的艺术效果。打开文件后，单击菜单栏中的“滤镜”，就能展开一系列滤镜工具。滤镜虽然细分了很多种工具，但根据其根本属性，可将滤镜分为杂色滤镜、扭曲滤镜、风格化滤镜、渲染滤镜四大类。

1. 杂色滤镜

杂色滤镜分别为蒙尘与划痕、去斑、添加杂色、中间值滤镜，主要用于矫正图像的瑕疵或给图像增添做旧的肌理感，如图 4-1 所示。

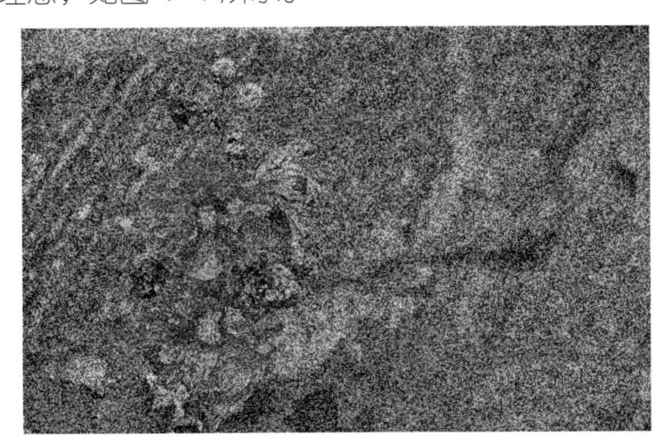
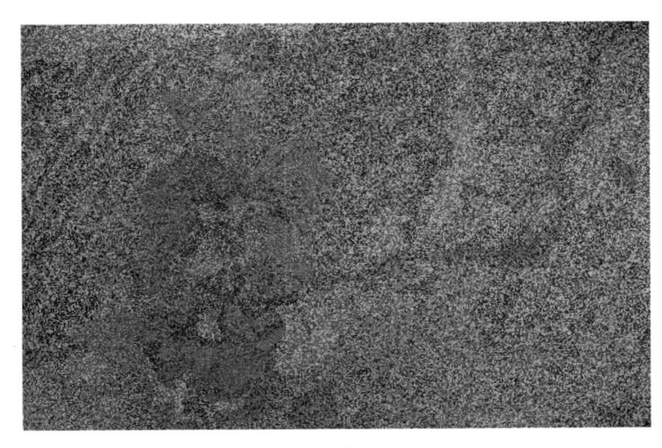

图 4-1

2. 扭曲滤镜

扭曲滤镜共 12 种，这一系列滤镜都是把一幅影像进行几何类变形，以创造出抽象或有立体感的变形。扭曲类的每种滤镜效果各异，均可通过调节产生多种变形可能，但其有一个共同点，即对图像中所选择的区域进行扭曲变形，如图 4-2 所示。

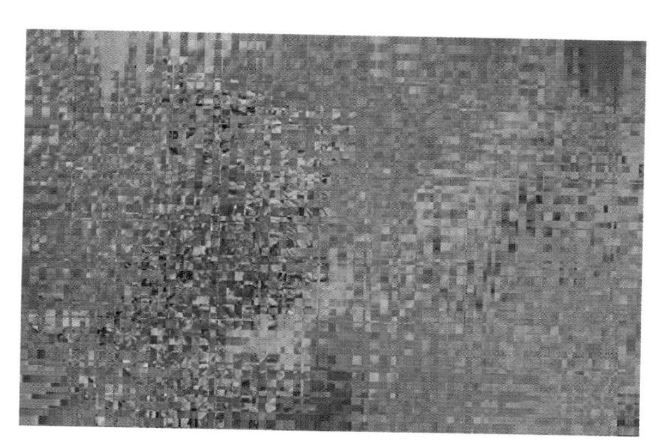

图 4-2

3. 风格化滤镜

风格化滤镜主要用来制作有艺术质感的图像，是 Photoshop 的常用增效工具之一。如果使用得当，风格化滤镜结合其他滤镜工具的设置，能令照片产生接近于浮雕或艺术绘画作品的效果，如图 4-3 所示。

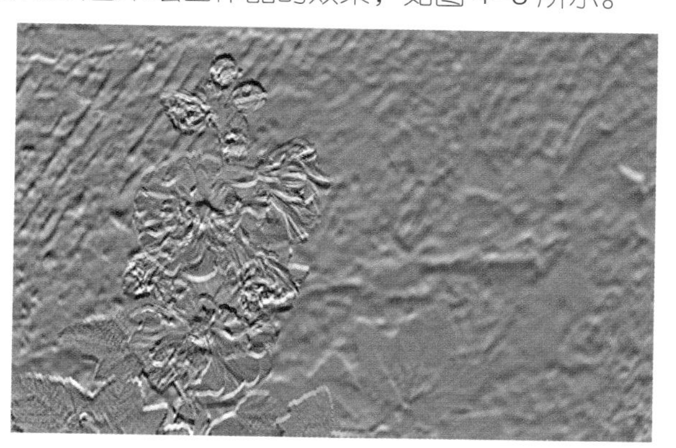

图 4-3

4. 渲染滤镜

渲染滤镜可以在图像中创建云彩、折射和光照效果，也可在 3D 空间中操纵对象，并可从灰度图文件中创建纹理填充，从而产生立体的光照效果，如图 4-4 所示。

根据这 4 类滤镜的名称，我们可以比较形象地理解滤镜的作用，要想扎实牢固地掌握滤镜的用法、增强图片特效，只有通过大量实例的不断练习，多多参考图像进行分析，才能对滤镜的认知和使用达到熟能生巧的境界。

4.1.2 实战——制作科幻空间感文字

单纯给图像施加滤镜效果往往比较简单、僵硬，Photoshop 中滤镜需要进行多步设置或结合图层、通道、蒙版等其他核心内容共同应用才能产生更为丰富的效果，因此在 Photoshop 中制作艺术图像是一门综合性很强的技术，不能一蹴而就。我们可以通过实例加强对滤镜与其他功能相结合运用的理解。

图 4-4

⊙步骤 1

新建文件，参数设置如图 4-5 所示。在当前背景层上方新建空白图层 1，如图 4-6 所示。

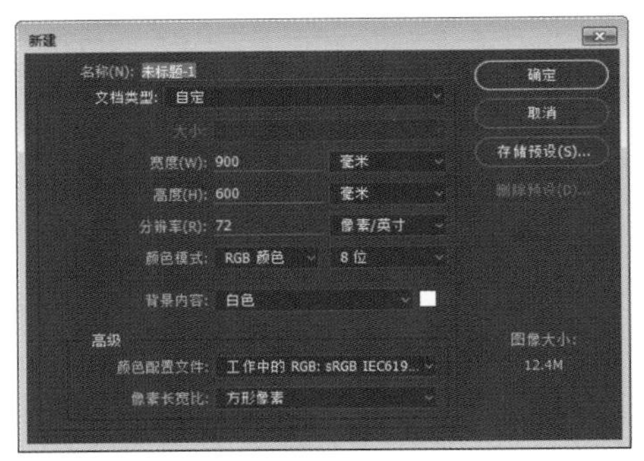

图 4-5

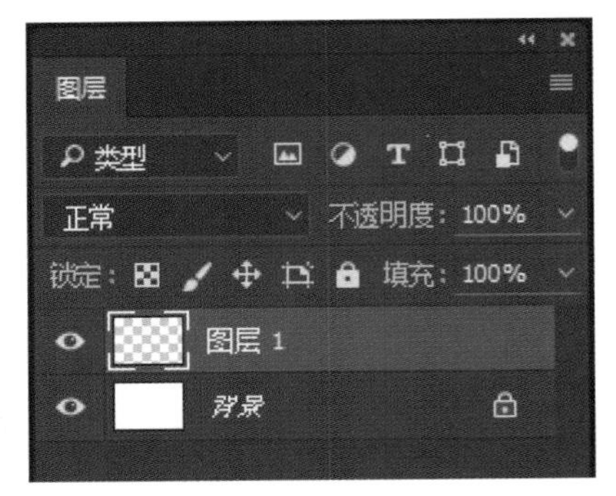

图 4-6

⊙步骤 2

在工具箱中设置前景色为黑色，背景色为白色，执行“滤镜 > 渲染 > 云彩”，图层 1 中就将前景色和背景色混合，出现了类似云彩的黑白图案，如图 4-7 所示。

图 4-7

⊙步骤 3

执行“滤镜 > 像素化 > 马赛克”，在“马赛克”对话框中设置参数，如图 4-8 所示。单击“确定”按钮，先前的云彩混合效果即被调节成块状的马赛克效果，如图 4-9 所示。

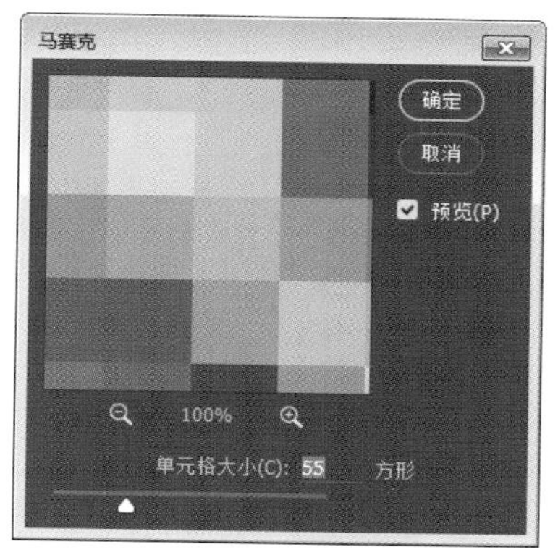

图 4-8

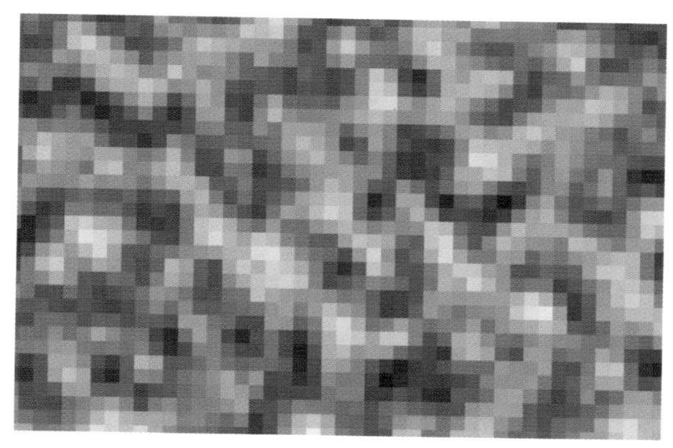
图 4-9

执行“滤镜 > 模糊 > 径向模糊”，在“径向模糊”对话框中设置参数，如图 4-10 所示。单击“确定”按钮，即可将当前马赛克图案做出放射状模糊效果，如图 4-11 所示。

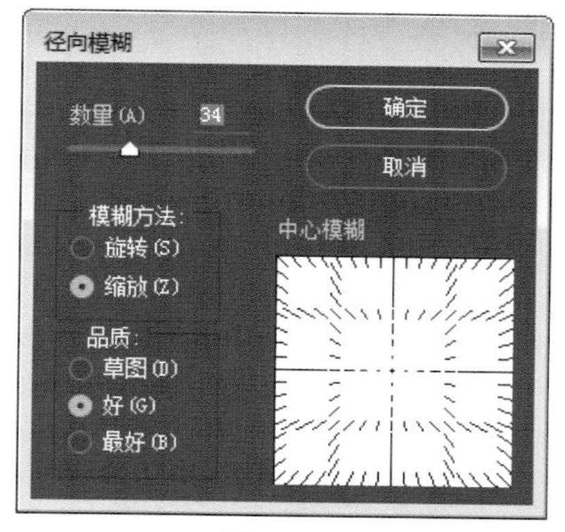

图 4-10

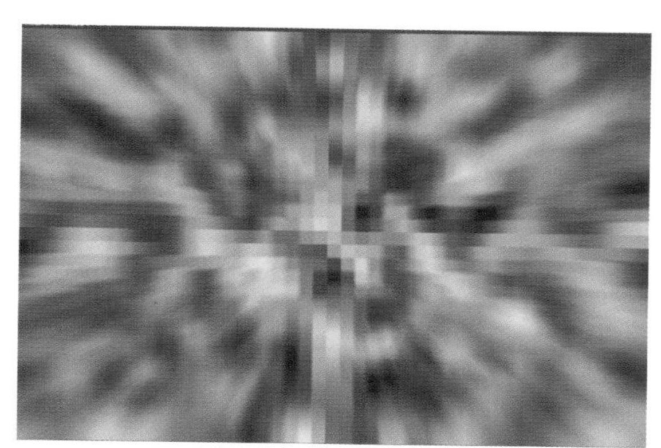
图 4-11

⊙**步骤 4**

执行“滤镜 > 风格化 > 浮雕效果”，在“浮雕效果”对话框中设置参数，如图 4-12 所示。单击“确定”按钮，将当前效果制作出立体的浮雕质感，如图 4-13 所示。

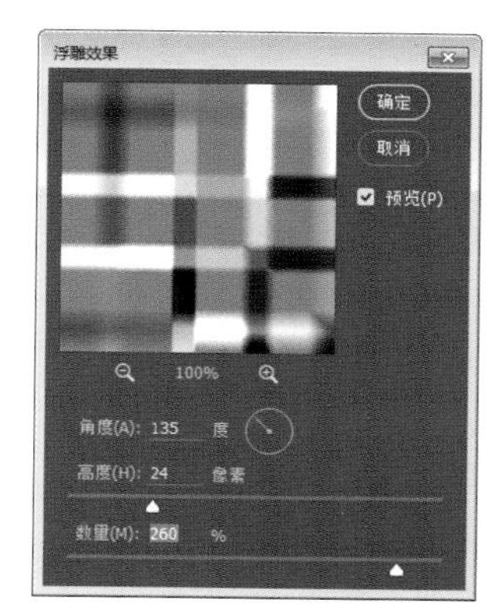

图 4-12

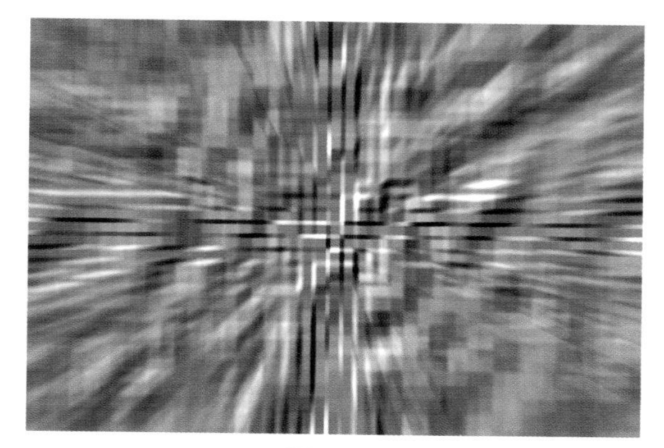
图 4-13

⊙**步骤 5**

选择“滤镜 > 滤镜库”，在“滤镜库”对话框中选择“画笔描边”内的“强化的边缘”，参数设置如图 4-14 所示。单击“确定”按钮，图像产生了光照效果，如图 4-15 所示。

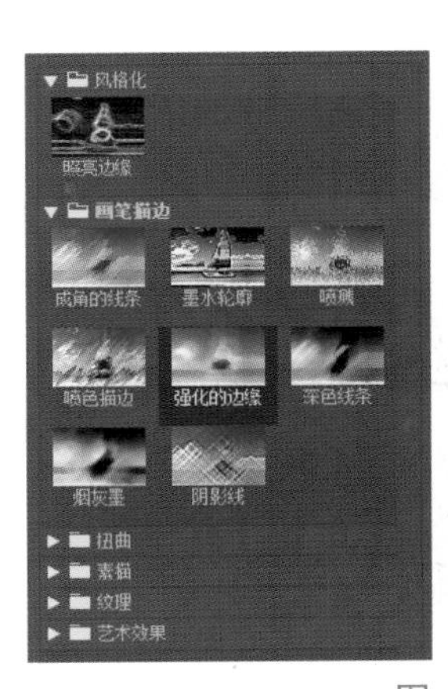

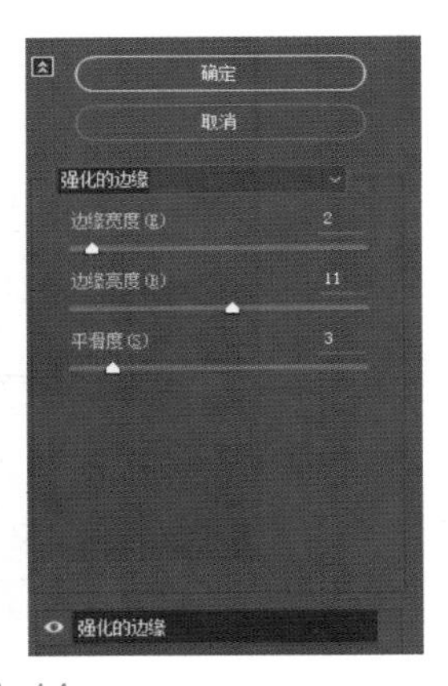

图 4-14

图 4-15

⊙步骤 6

再次执行“滤镜 > 滤镜库”，在“滤镜库”对话框中选择“风格化”内的“照亮边缘”，参数设置如图 4-16 所示。单击“确定”按钮，图像对比度进一步加强，画面中体现出清冽的空间感，如图 4-17 所示。

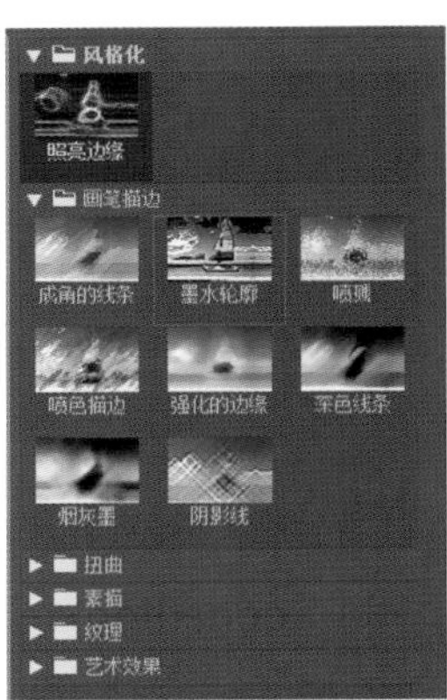

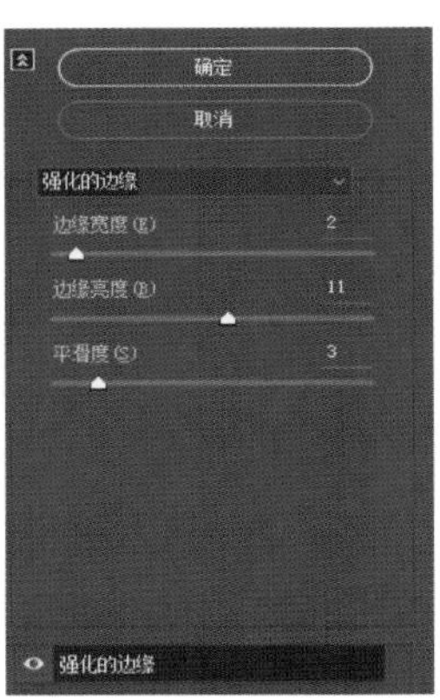

图 4-16

图 4-17

⊙步骤 7

执行“图像 > 调整 > 色相 / 饱和度”，在弹出的“色相 / 饱和度”对话框中勾选右下角的“着色”，为当前图像添加色调，单击“确定”按钮，当前黑白的图像就增添了色彩，画面效果更为醒目。在画面中合适的位置添加上文字，根据画面的风格选择合适字体，就完成最终效果，如图 4-18 所示。

图 4-18

4.1.3 实战——将照片处理成油画效果

⊙步骤1

在图层面板中将文件背景层按 Ctrl+J 复制，如图 4-19 所示。

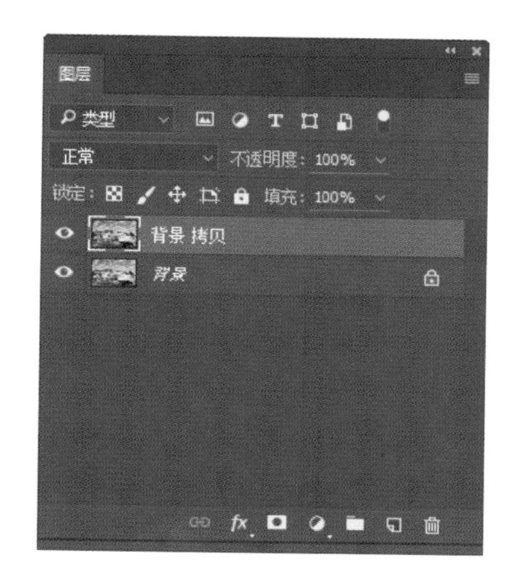

图 4-19

执行“图层 > 新建填充图层 > 图案”，在“新建图层”对话框中将模式选为“正片叠底”，进行图 4-20 所示的参数设置。

在“图案填充”对话框中调出图案填充模式，选择第二排从右数第 3 个模式，单击“确定”按钮即可将图案填充到当前图层中，照片即被填充出了粗糙的颗粒质感，如图 4-21 所示。

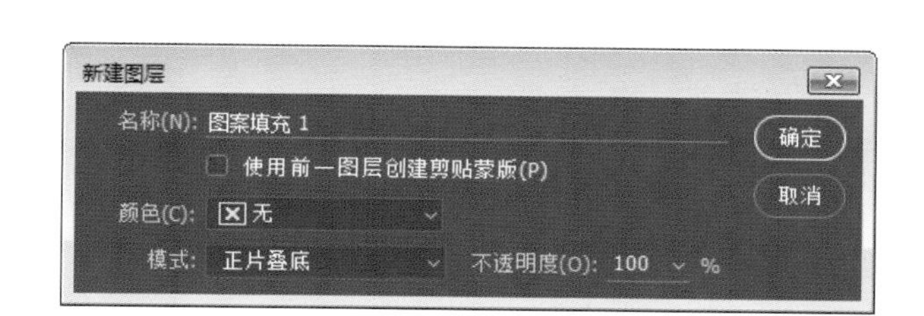

图 4-20

图 4-21

⊙步骤2

选择涂抹工具，在涂抹工具选项栏中进行设置，如图 4-22 所示。

图 4-22

图案填充层在图层面板中显示，将背景层再次复制并拖动到最顶层，即“背景拷贝 2”图层，如图 4-23 所示。用设置好的涂抹工具在“背景拷贝 2”图层中涂抹，让照片产生笔画涂抹效果，如图 4-24 所示。

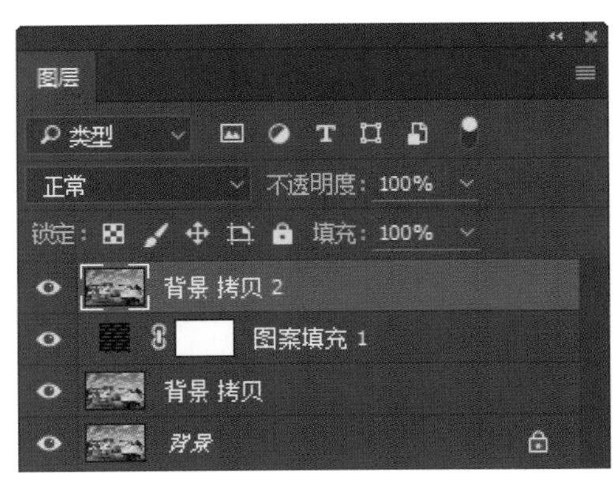

图 4–23

图 4–24

⊙步骤 3

在当前图层上方按 Shift+Ctrl+N 键新建空白图层，将背景层和图案填充层隐藏，如图 4–25 所示。按 Ctrl+Shift+Alt+E 键，将当前可见的“背景拷贝”层和“背景拷贝 2”层的效果复制到空白图层 1 中，如图 4–26 所示。

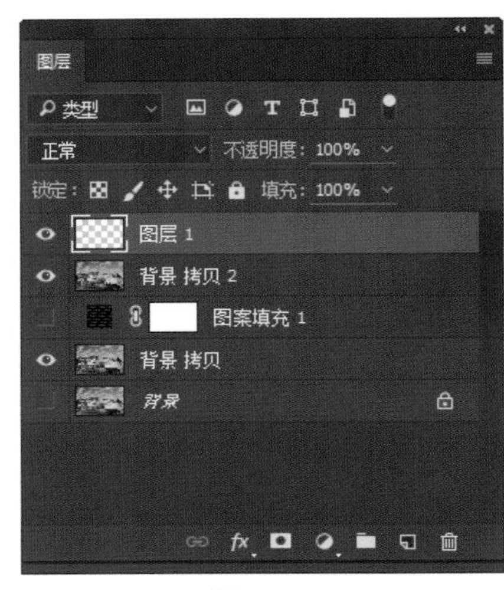

图 4–25

图 4–26

⊙步骤 4

执行“滤镜 > 风格化 > 浮雕效果”，在“浮雕效果”对话框中进行图 4–27 所示的设置。单击“确定”按钮，图层 1 即转变为灰色浮雕效果，如图 4–28 所示。

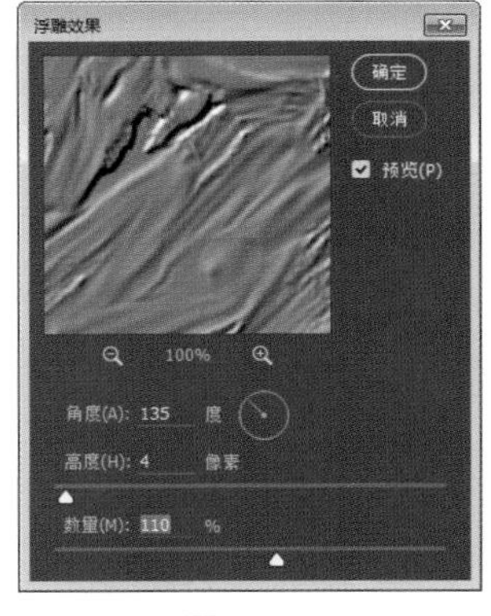

图 4–27

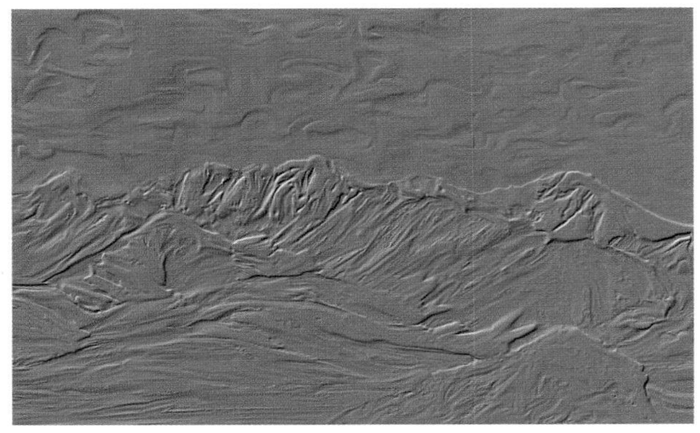

图 4–28

在图层面板中将“图层 1”的图层混合模式切换到“叠加”，画面中的立体浮雕效果即融入照片中，效果如图 4–29 所示。

图 4–29

⊙步骤 5

在图层 1 中再次执行“图层 > 新建填充图层 > 图案”，在“新建图层”对话框中将图层混合模式选为“正片叠底”，效果如图 4–30 所示。

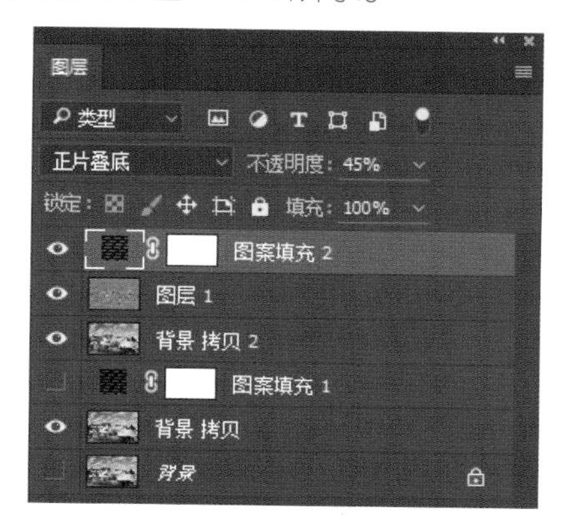

图 4–30

将“图案填充 2”的图层混合模式设置为“颜色加深”，把先前隐藏的图层显示，图像的色彩变得更加艳丽，更接近于油画效果，如图 4–31 所示。

图 4–31

⊙步骤 6

执行“图层 > 合并可见图层”（快捷键 Shift+Ctrl+E），将当前所有图层合并到背景层中。执行“图像 >

调整 > 色相 / 饱和度”，在“色相 / 饱和度”对话框中进行图 4-32 所示的设置，图像色彩对比更鲜明。

图 4-32

单击“确定”按钮，最终完成将照片转换成油画效果的制作，如图 4-33 所示。

图 4-33

通过以上两个小实例，我们可以清晰地认知到完美的艺术效果并不能通过单独运用滤镜工具得到。在进行图像特效处理时，应根据需要将 Photoshop 其他核心内容贯穿应用，才能对该软件有更深刻的理解和掌握。

4.2　3D 对象的编辑

早在 Photoshop CS4 中就出现了 3D 功能，到 Photoshop CC 时 3D 的功能越来越强大，为用户提供了极大的便利。在 Photoshop 中启用 3D 功能后软件会模拟形成一个三维空间，产生长、宽、高三维属性的立体对象。

图 4–34 所示为一个平面图像，利用 Photoshop 的 3D 功能，使得平面图像形成了三维效果，如图 4–35 所示。

4.2.1 3D 的工作界面

【3D 菜单】单击菜单栏中的“3D”，即可进入 3D 菜单，如图 4–36 所示。

图 4–34

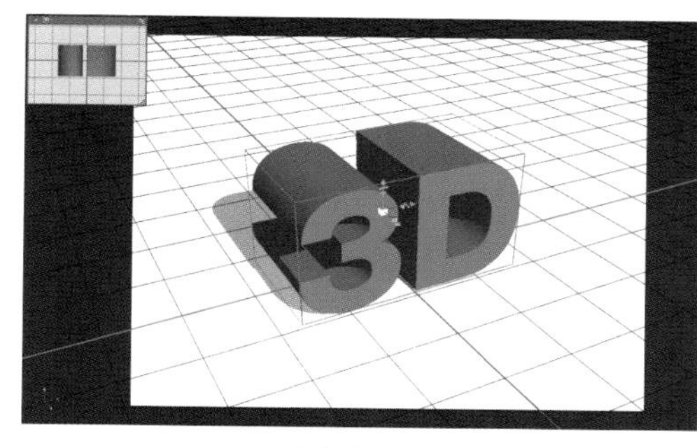

图 4–35

图 4–36

【3D 工具】单击移动工具，选项栏中会出现一组 3D 模型工具，如图 4–37 所示。利用这些工具，可以对 3D 对象进行旋转、滚动、拖动、滑动、缩放等操作。

图 4–37

使用这些工具操作时，若没有单击到模型，则是对视图的旋转，例如图 4–38 和图 4–39 左上角的视图区域，模型方向改变了，但是视图没有改变。对 3D 模型进行操作时，会出现 x、y、z 轴，如图 4–40 和图 4–41 所示，左上角的视图区域也随操作而变化。

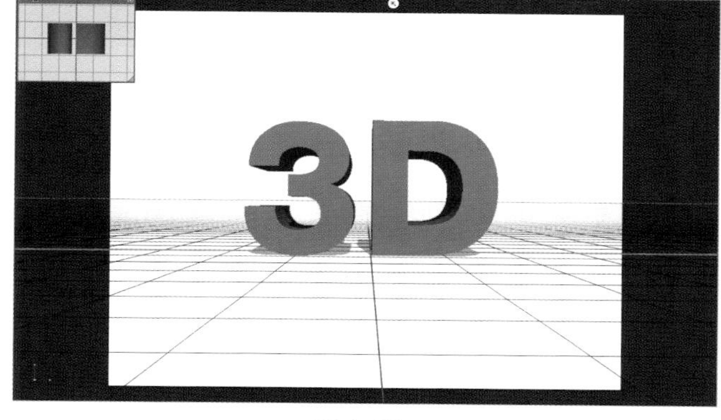

图 4–38

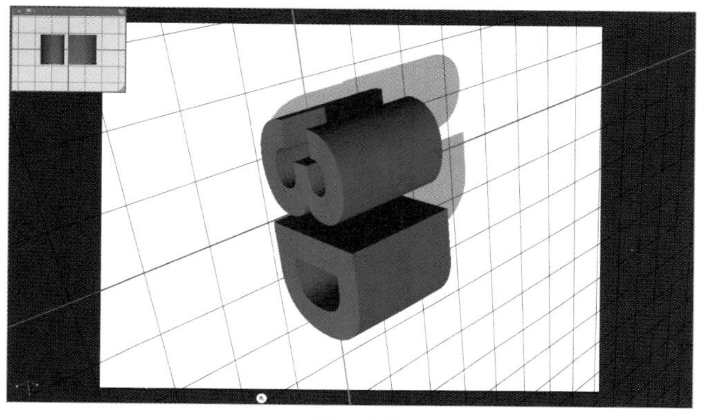

图 4–39

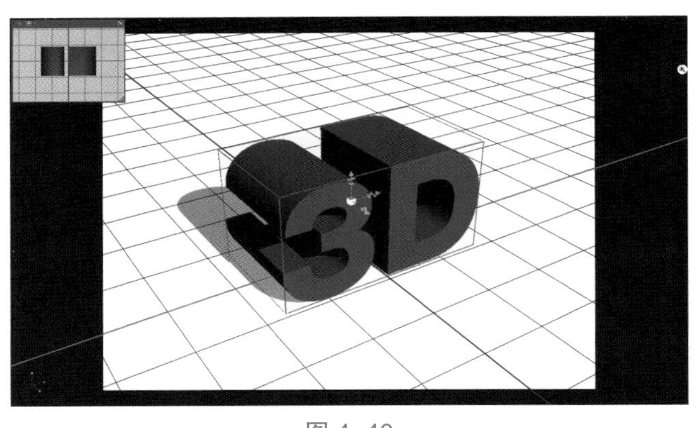

图 4–40

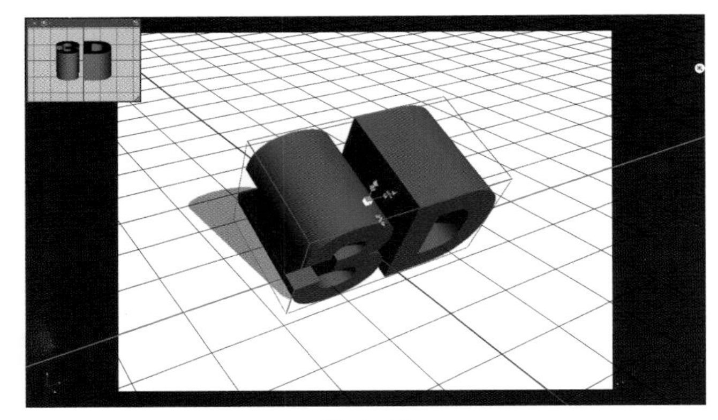

图 4–41

【3D 面板】执行“窗口 >3D”，打开 3D 面板，如图 4–42 所示。打开素材，3D 面板则转换为图 4–43 所示的效果。

【3D 辅助工具】执行“视图 > 显示”，在菜单中可以看到 5 个辅助功能，如图 4–44 所示。

图 4–42

图 4–43

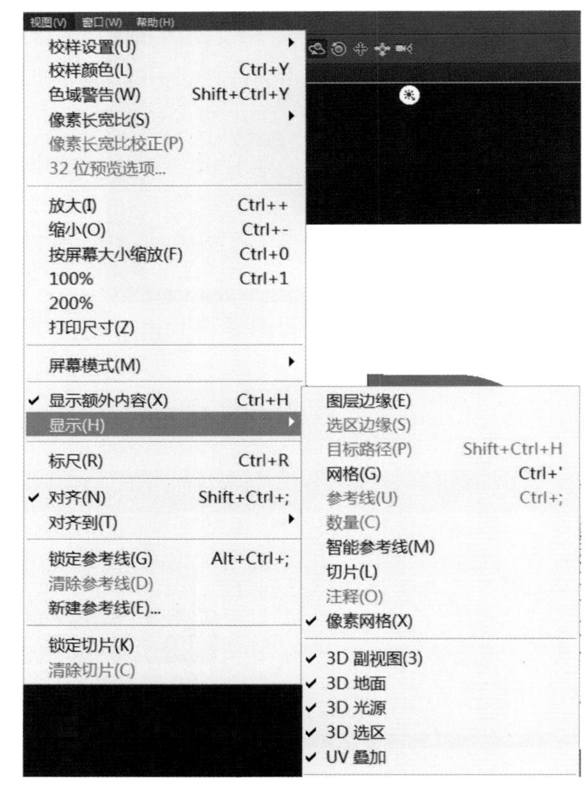

图 4–44

4.2.2 3D 对象的生成

Photoshop 中添加的 3D 功能不是为了取代专业 3D 软件，而是一种平面软件的延续与互补。Photoshop 具有较好的兼容性，可以轻松打开 3DS、DAE、FL3 等格式的文件。

1. 从选区生成 3D 模型

选择的素材可以是 JPG 或者 PSD 格式的图片，有选区就可以形成 3D 模型。下面就以五角星的图形来生成 3D 模型。

打开素材“五角星”，如图 4–45 所示。执行“选择 > 载入选区”，弹出“载入选区”对话框，如图 4–46 所示。单击“确定”按钮，五角星被载入选区。

执行“3D> 从当前选区新建 3D 模型”，形成五角星 3D 模型，如图 4–47 所示 。

图 4–45

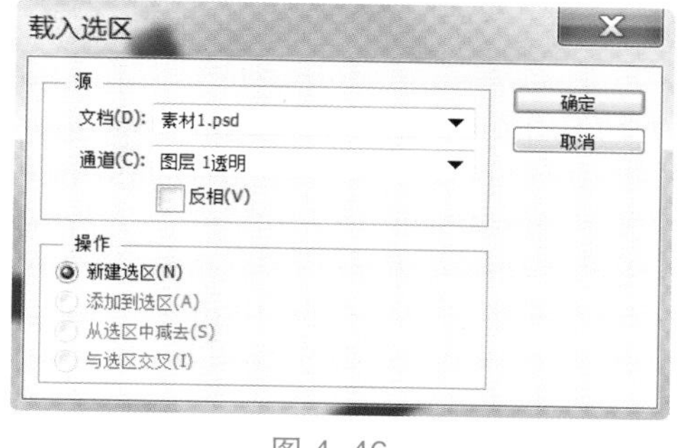

图 4–46

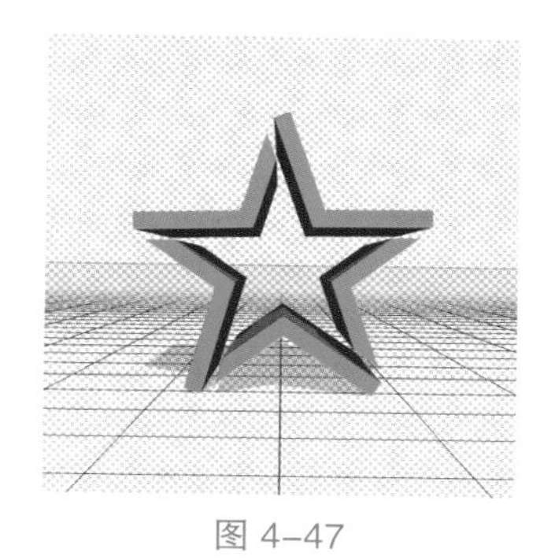

图 4–47

2. 从路径生成 3D 模型

在 Photoshop 中有路径的情况下，可以将路径转换为 3D 对象。

新建一个画布（快捷键 Ctrl+N），如图 4–48 所示。用钢笔工具画一个皇冠的路径，如图 4–49 所示。

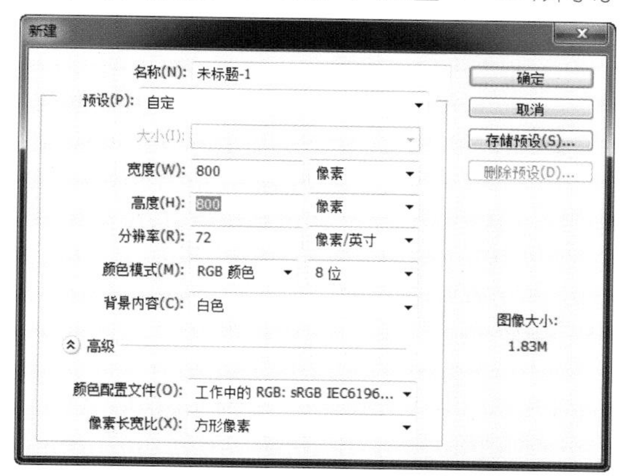

图 4–48

图 4–49

如图 4–50 所示，执行“3D> 从所选路径新建 3D 模型”，效果如图 4–51 所示。

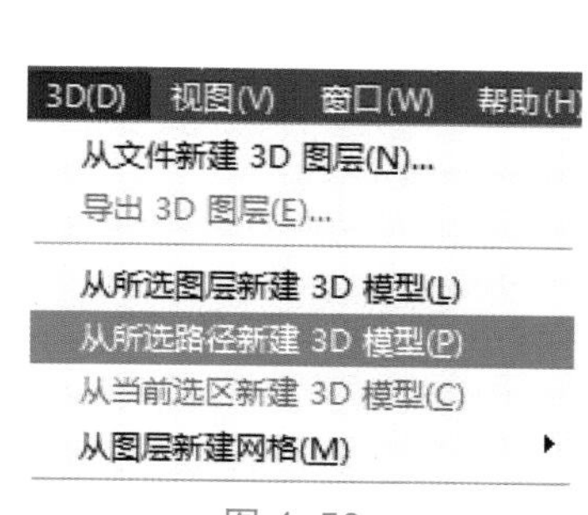

图 4–50

图 4–51

3. 从图层生成 3D 模型

在 Photoshop 中可以把文本图层直接转换为 3D 对象。新建一个画布，用文字工具输入“PS”，字体选择较粗字体样式，如图 4–52 所示。

如图 4–53 所示，执行“3D> 从所选图层新建 3D 模型”，效果如图 4–54 所示。

图 4–52

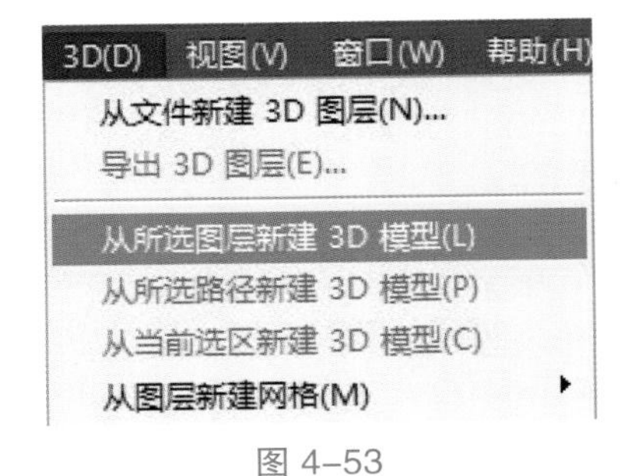

图 4–53

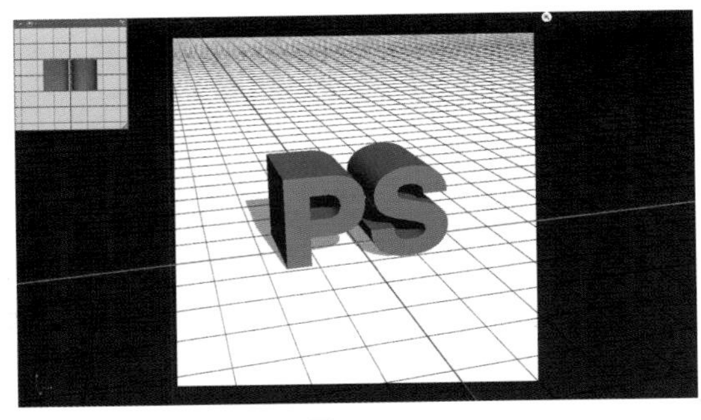

图 4–54

4.2.3 从图层新建网格

Photoshop 创建 3D 模型命令中的“从图层新建网格”里的类型有明信片、网格预设、深度映射到和体积四大类，如图 4–55 所示。

1. 明信片

可以将一张 2D 图片转化为 3D 对象，然后在 3D 空间中调整位置和添加光照等，如图 4–56 所示。

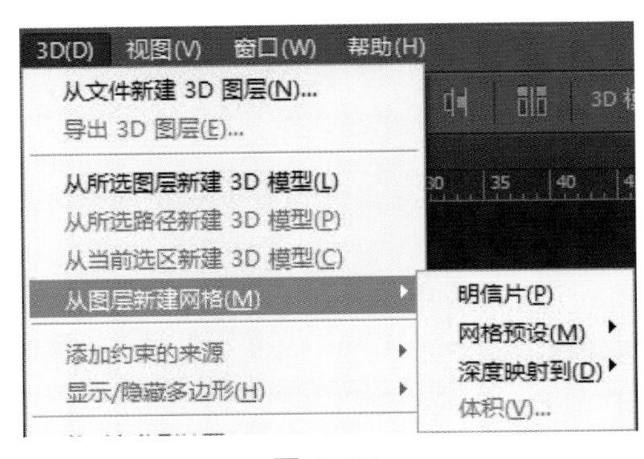

图 4–55

图 4–56

2. 网格预设

“网格预设”菜单下有锥形、立体环绕、立方体、圆柱体、圆环、帽子、金字塔、环形、汽水、球体、球面全景、酒瓶 12 种命令，如图 4–57 所示。如图 4–58 所示，打开素材“砖”，执行“3D> 从图层新建网格 > 网格预设”子菜单，12 种内置 3D 形状效果如图 4–59 所示。

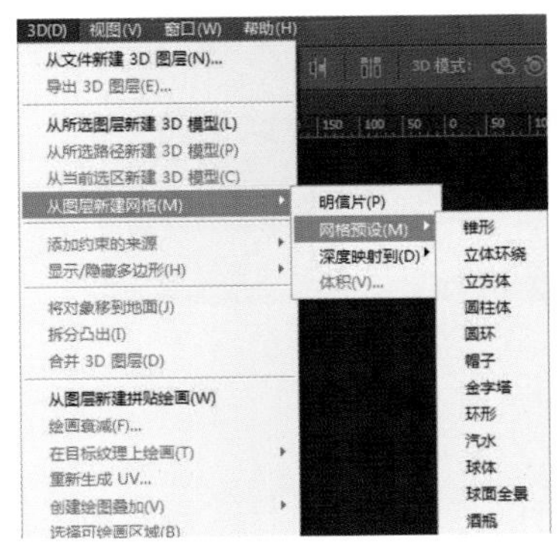

图 4–57

图 4–58

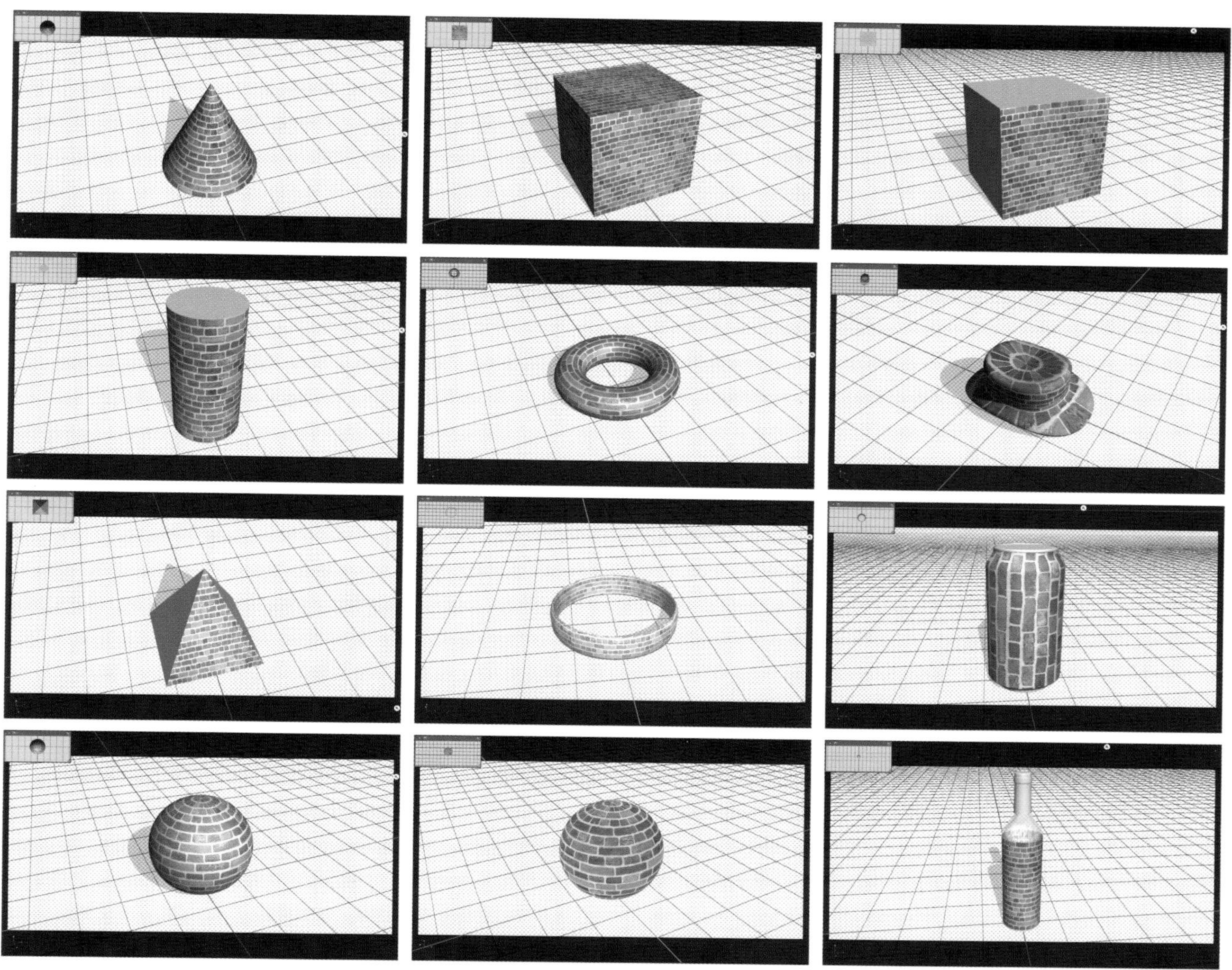

图 4–59

3. 深度映射到

基于图像的明度转换出深度不一的表面，明度较高的生成表面上凸起的区域，明度较低的生成表面上凹陷的区域，进而生成 3D 模型。“深度映射到”菜单下有平面、双面平面、圆柱体和球体四种命令，如图 4–60 所示。

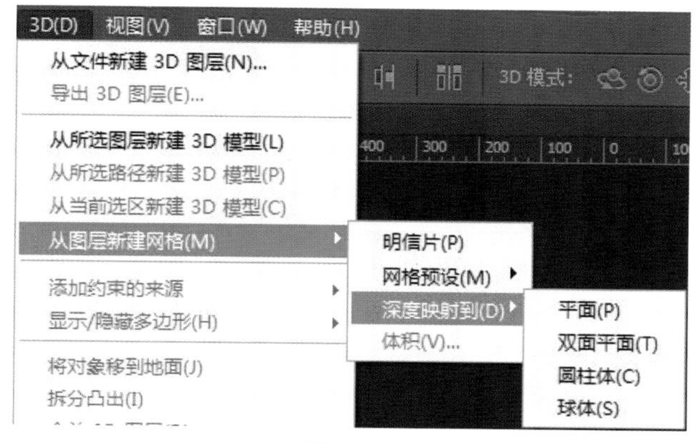

图 4–60

【平面】可以将深度映射数据应用于平面表面，如图 4–61 所示。

【双面平面】可以创建两个沿中心轴对称的平面，并将深度映射数据应用于两个平面，如图 4–62 所示。

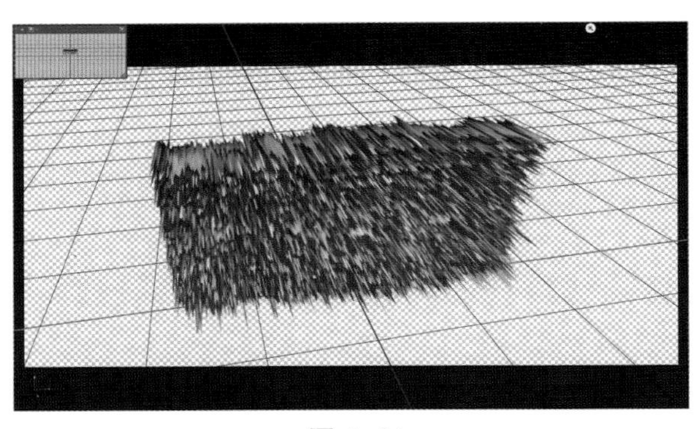

图 4-61

图 4-62

【圆柱体】可以从垂直轴中心向外应用深度映射数据，如图 4-63 所示。

【球体】可以从中心点向外呈放射状地应用深度映射数据，如图 4-64 所示。

图 4-63

图 4-64

4.2.4　3D 材质面板

在默认状态下，建立 3D 模型后会在图层面板中展示出所附带的纹理和光源，如图 4-65 所示。如图 4-66 所示，新建模型时采用的材质是默认的纹理，单击 3D 面板上的“滤镜：材质”，可以切换到属性 – 材质面板并根据需要进行设置，如图 4-67 所示。

【材质拾取器】单击倒三角按钮会展开面板中预设的材质效果，如图 4-68 所示。单击不同材质，呈现不同的材质效果，如图 4-69 和图 4-70 所示。

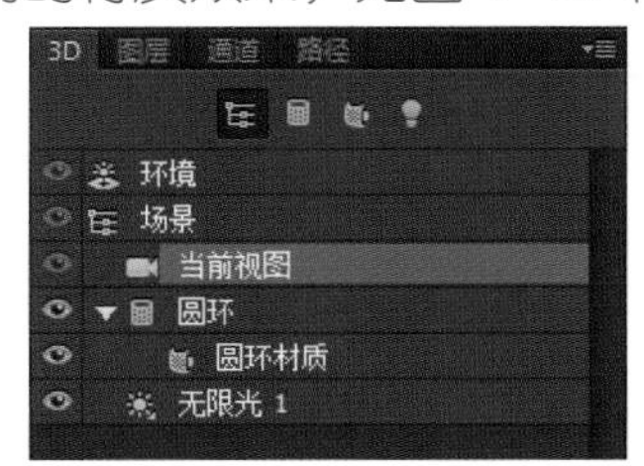

图 4-65

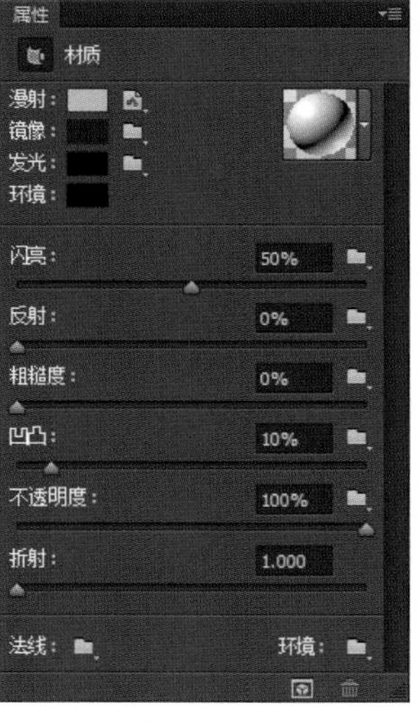

图 4-67

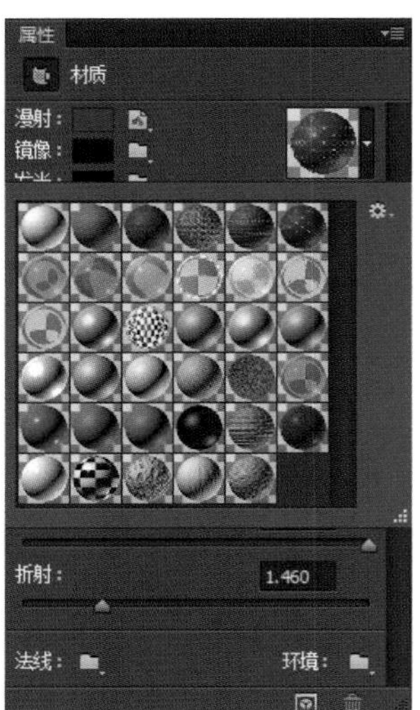

图 4-68

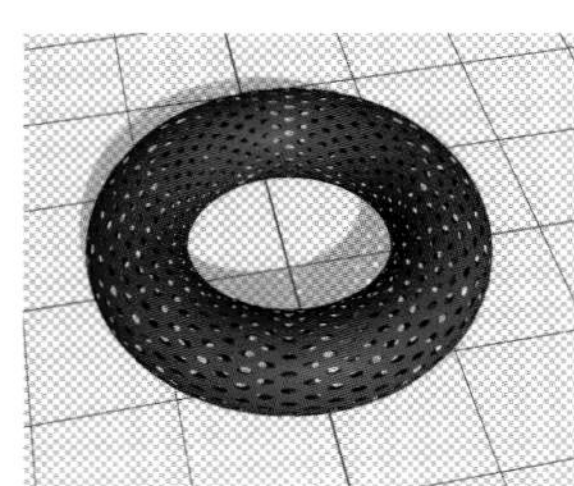

图 4-69

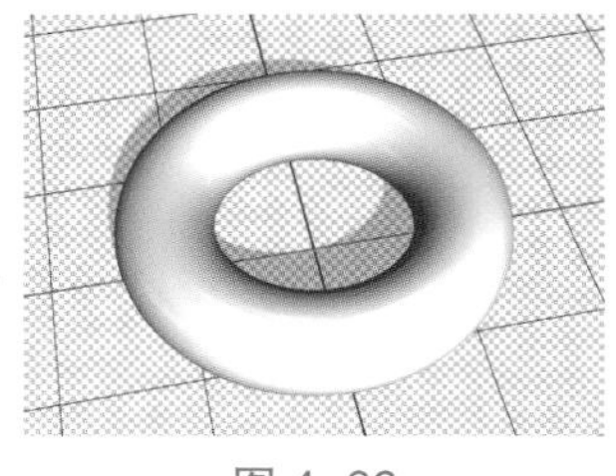

图 4-66

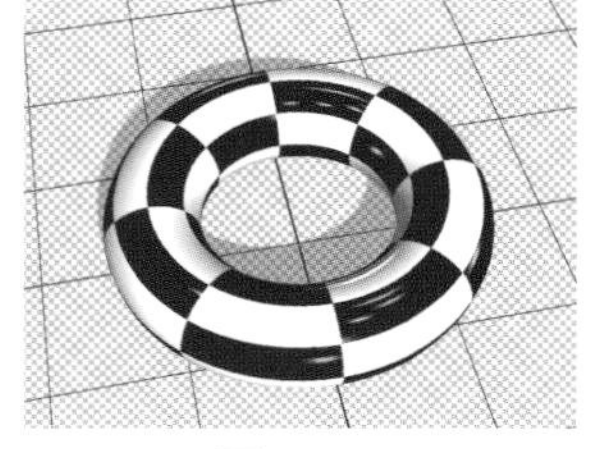

图 4-70

【漫射】通过设置可以控制材质的颜色，可以是实色，也可以是 2D 图像。

【镜像】设置镜面高光的颜色，可以是实色，也可以是 2D 图像。

【发光】设置不依赖于光照而显示的颜色，即创建从内部照亮 3D 对象的效果；可以是实色，也可以是 2D 图像。

【环境】设置在反射表面上可见环境光的颜色，该颜色与用于整个场景的全局环境色相互作用。

【闪亮】设置会产生反射光散射，低反光度可以产生更明显的光照，而焦点不足；高反光度可以产生不明显的光照，更亮的高光。

【反射】可以增加 3D 场景、环境映射和材质表面上其他对象的反射效果。

【粗糙度】设置材质表面的粗糙度。

【凹凸】通过灰度图像在材质表面创建凹凸效果，而不是修改网格。凹凸映射是一种灰度图像，其中较亮的值可以创建比较凸出的表面区域，较小的值可以创建平坦的表面区域。

【不透明度】设置材质的不透明度。

【折射】可以增加 3D 场景、环境映射和材质表面上其他对象的折射效果。

【法线】与凹凸映射纹理相同，正常映射会增加模型表面的细节。

【环境】存储 3D 模型周围环境的图形，环境映射会作为球面全景来应用。

4.2.5 3D 光源

材质需要灯光的存在才能呈现出应有的质感。如图 4-71 所示，当前 3D 模型没有光源。对应的 3D 面板中也没有光源的选项，如图 4-72 所示。3D 场景中主要有三种类型的灯光，即点光、聚光灯和无限光，如图 4-73 所示。

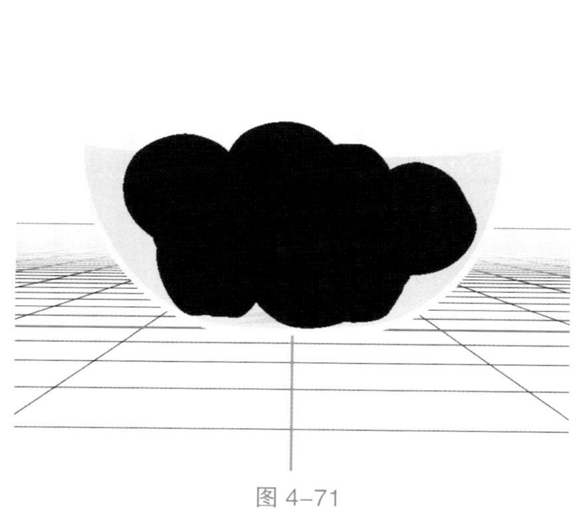

图 4-71

图 4-72

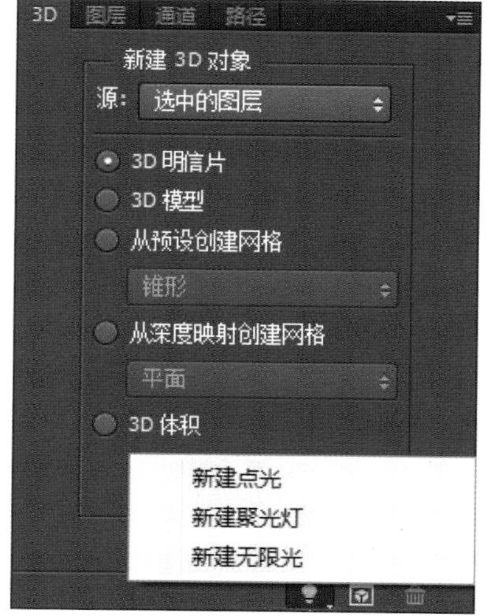

图 4-73

【点光】也叫作泛光，向四周发光，如图 4-74 所示。

【聚光灯】从一个点向某个角度发光，它与点光一样，都光线衰减，如图 4-75 所示。

【无限光】模仿太阳光，也可以叫作平行光，它发出的光是均匀的，如图 4-76 所示。一般情况下，我们创建的网格模型都是无限光，同时都带有环境光。

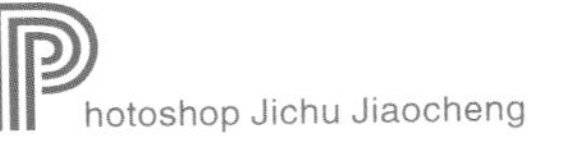

4.2.6 导入、渲染和存储

【导入】Photoshop CC 支持从其他三维应用程序中导入 3D 文件，主要包括 3DS、DAE、FL3、KMZ、U3D、OBJ 等格式。新建一个画布，执行“3D> 从文件新建 3D 图层”，导入素材“苹果”，如图 4-77 所示。增加一些材质效果，单击“渲染”，如图 4-78 所示。

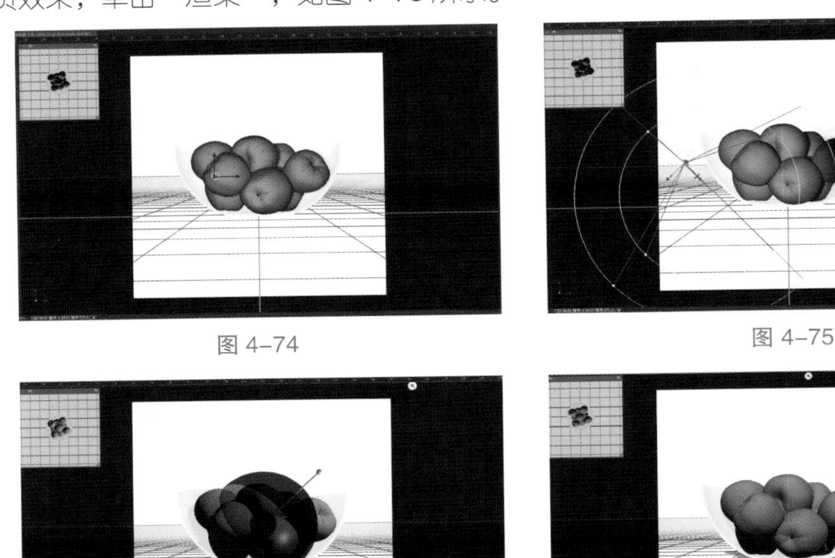

图 4-74　图 4-75

图 4-76 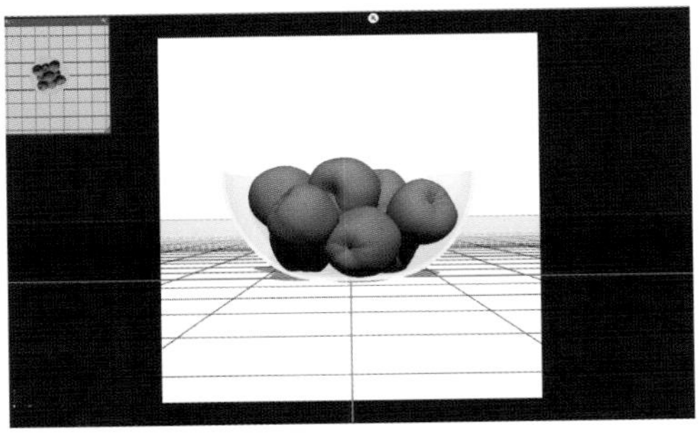　图 4-77

【渲染】在 Photoshop 中有多种预设的渲染方式，默认情况下渲染预设为“实色”，如图 4-79 和图 4-80 所示。如图 4-81 所示，单击“预设”按钮，可以在下拉列表中选择预设的渲染方式，效果如图 4-82 所示。

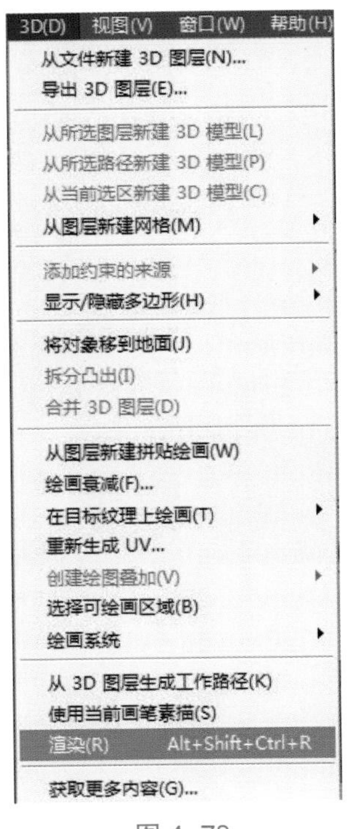

图 4-78

图 4-79

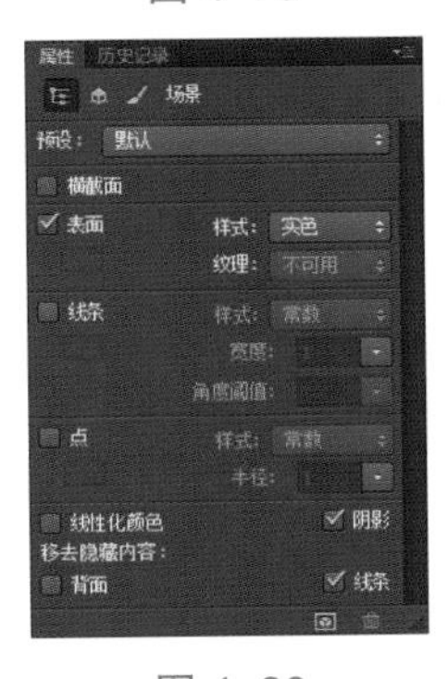

图 4-80

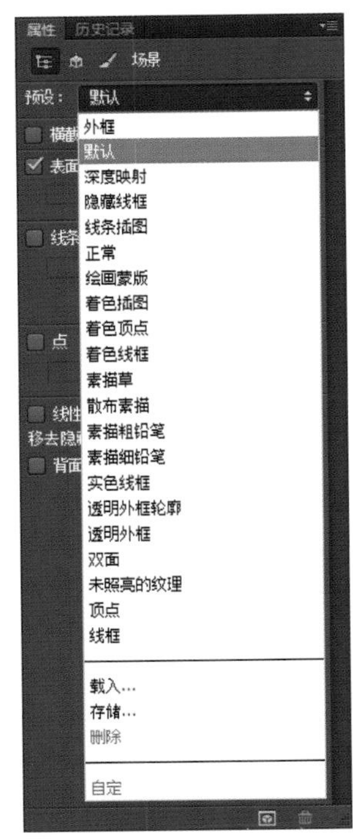

图 4-81

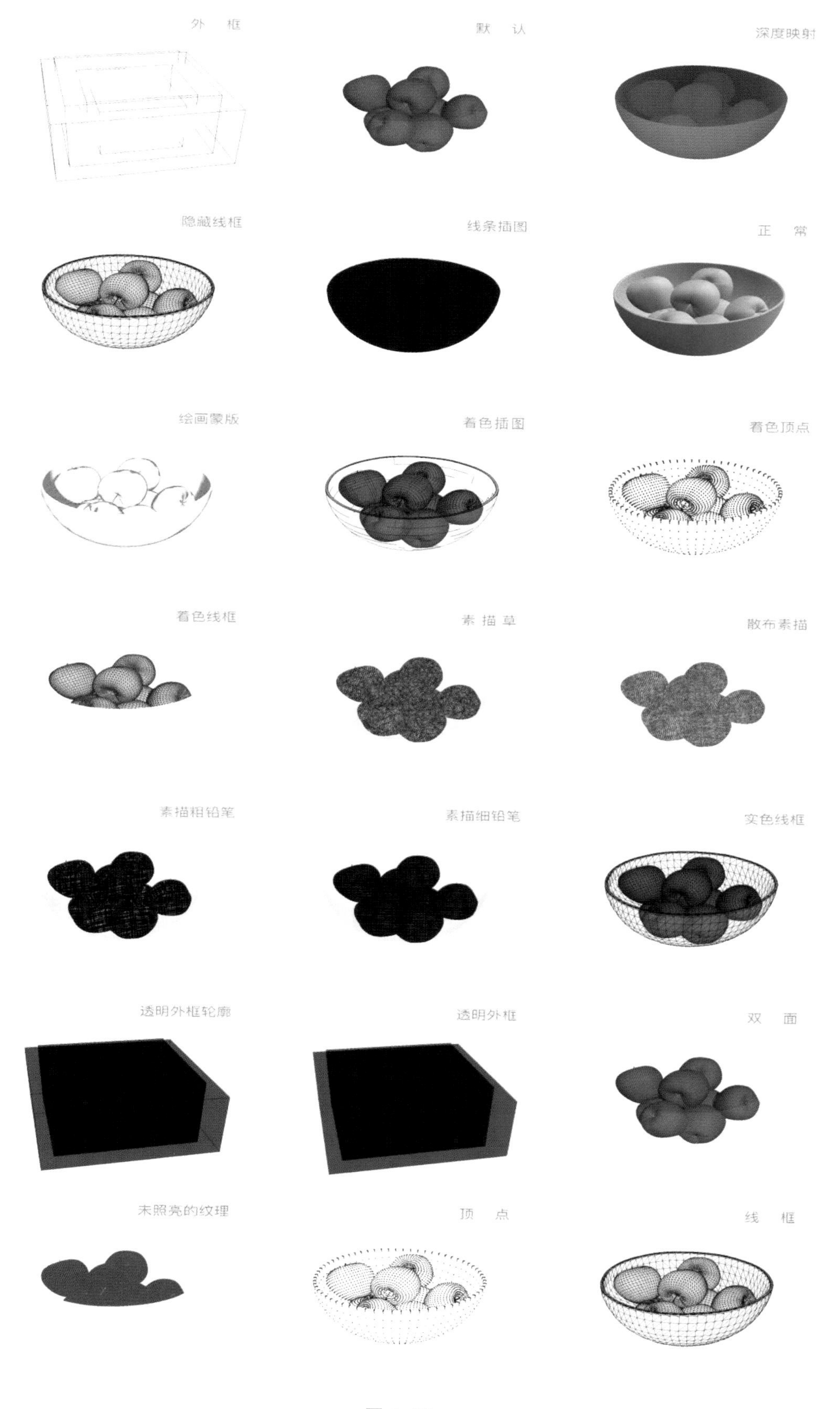
外 框
默 认
深度映射
隐藏线框
线条插图
正 常
绘画蒙版
着色插图
着色顶点
着色线框
素 描 草
散布素描
素描粗铅笔
素描细铅笔
实色线框
透明外框轮廓
透明外框
双 面
未照亮的纹理
顶 点
线 框

图 4-82

3D 场景中的模型需要经过渲染才能显示出最真实的效果，不经过渲染的 3D 场景，不但画面粗糙，而且材质中的一些属性，如折射、凸凹等也无法真实表现出来。执行“3D> 渲染”（快捷键 Alt+Shift+Ctrl+R），渲染的进度显示在窗口左下角，如图 4–83 所示。如果需要中断渲染，可以选择 Esc 键取消。

图 4–83

【存储】如果要保留 3D 模型的位置、光源、渲染模式和横截面等信息，应以 PSD、PSB、TIFF 或 PDF 格式进行保存，其他格式的图像文件是无法保留 3D 图层的。

4.2.7 实战——婚宴饮品包装

⊙步骤 1

新建一个画布，执行“3D> 从图层新建网格 > 网格预设 > 汽水”，如图 4–84 所示。单击 3D 面板中的“标签材质”（见图 4–85（a）），出现属性 – 材质面板，如图 4–85（b）所示。

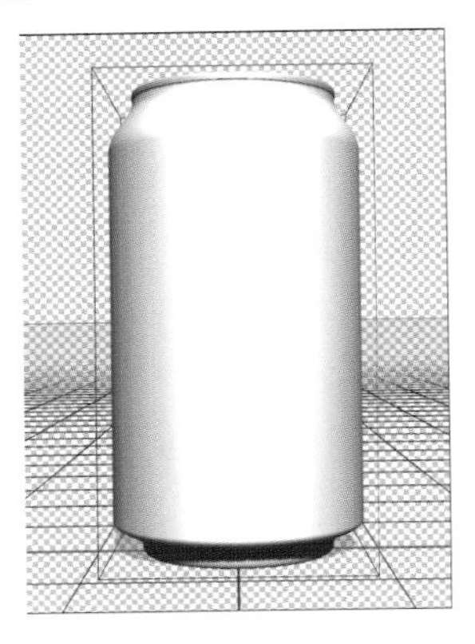

图 4–84

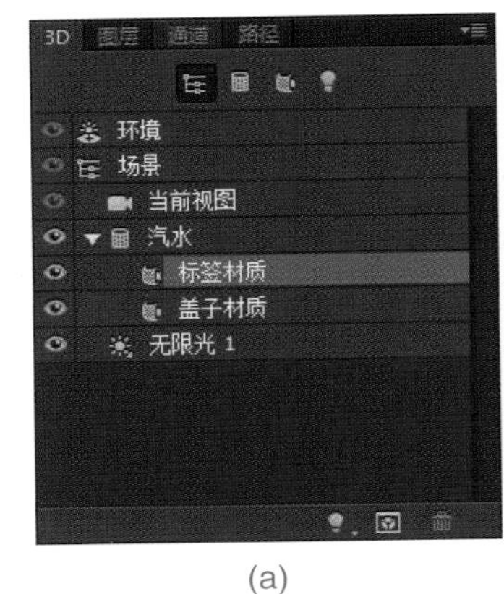

(a)

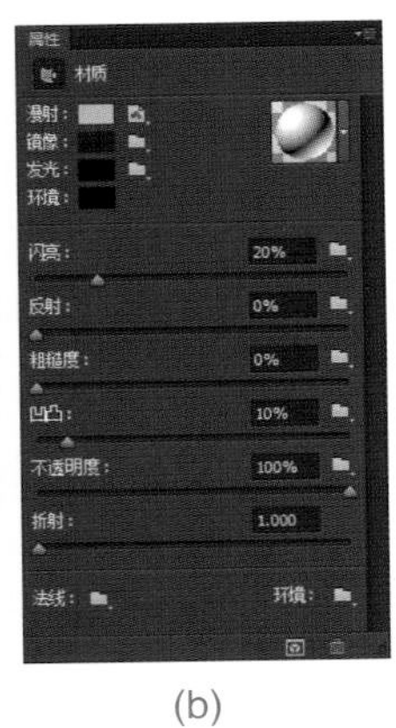

(b)

图 4–85

⊙步骤 2

如图 4–86 所示，在材质列表中选择“金属 – 银（拉丝）”。

⊙步骤 3

在属性 – 材质面板中单击“漫射”后方的按钮，执行“编辑纹理”命令，出现一个新的文档“UV 网格”，如图 4–87 所示。

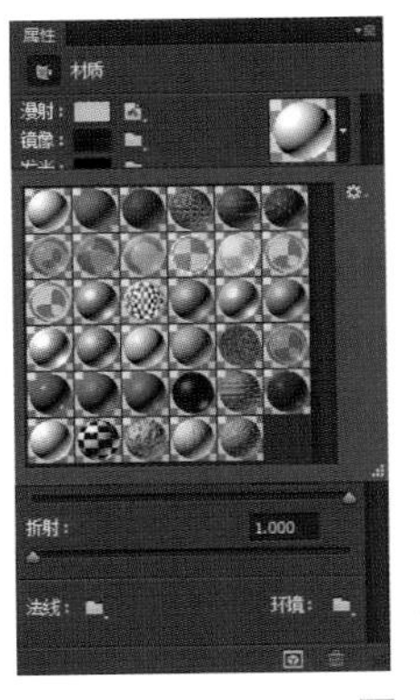

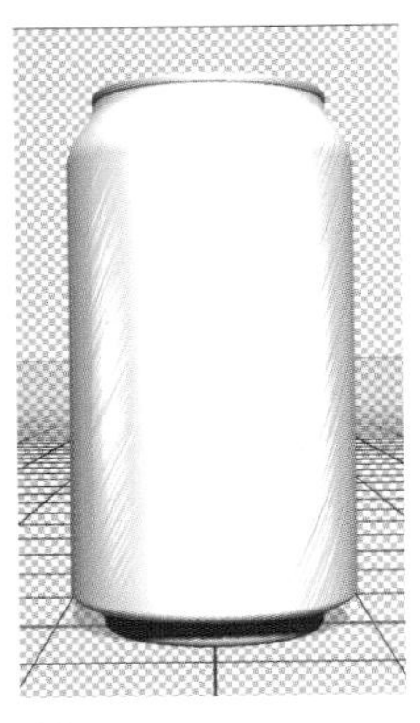

图 4–86

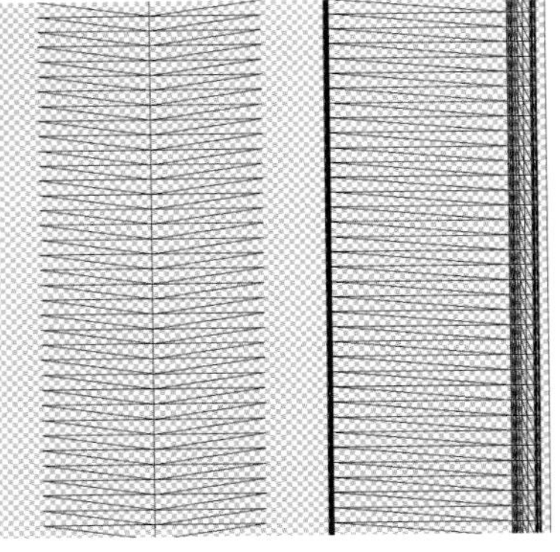

图 4–87

⊙**步骤 4**

打开素材“包装展开图”，如图 4–88 所示。把素材“包装展开图”置入“UV 网格”文档中，用变形工具将其旋转 90°，调整大小，如图 4–89 所示。

图 4–88

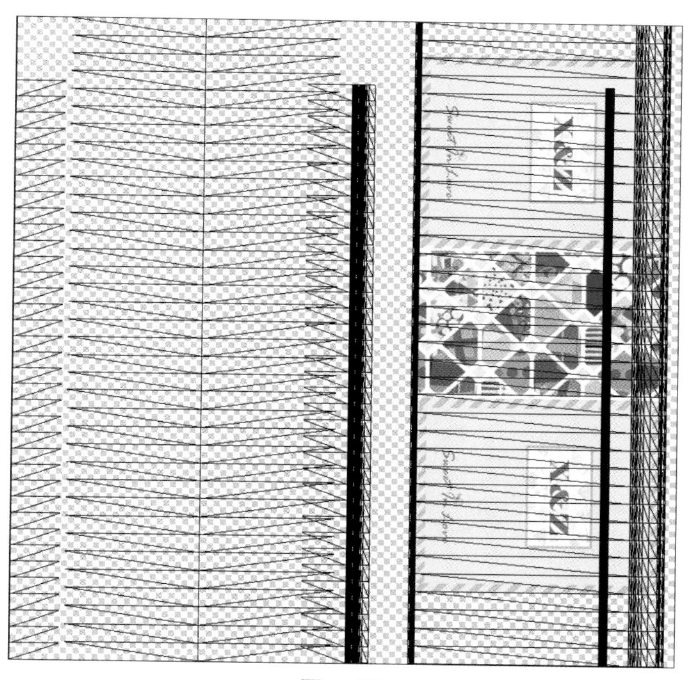

图 4–89

⊙**步骤 5**

保存“UV 网格”文档（快捷键 Ctrl+S），切换到易拉罐文档，易拉罐包装上贴图完成，如图 4–90 所示。调整材质属性参数、光源的位置，去掉阴影，效果如图 4–91 所示。

⊙**步骤 6**

在图层中增加曲线蒙版和色相 / 饱和度蒙版，调整易拉罐颜色，效果如图 4–92 所示。执行“图层 > 合并可见图层”，如图 4–93 所示。

图 4-90

图 4-91

图 4-92

图 4-93

⊙步骤 7

打开素材“背景”，如图 4-94 所示。把易拉罐置入素材“背景”中，调整位置后效果如图 4-95 所示。

图 4-94

图 4-95

第5章

Photoshop 在设计中的应用

【学习目标】

进一步巩固前四章所学知识，结合各专业的实际情况，有针对性地进行实战应用。能够熟练操作Photoshop的工具，在综合性案例中完成效果图的制作，培养学生独立操作和思考的能力，运用Photoshop设计出更多效果。

【重要知识点】

（1）平面设计专业的学生根据专业课程设定，完成标志设计、包装设计、海报设计等。
（2）珠宝设计专业的学生根据首饰和材质的分类，能够熟练操作，完成效果图。
（3）环境艺术设计专业的学生根据室内和室外两类，能够熟练操作，完成平面图和效果图。

5.1 平面设计综合实例——演出海报

⊙步骤 1

打开素材“舞者”，在通道面板中选择黑白对比效果最清晰的蓝色通道，单击鼠标右键，选择“复制通道”，得到“蓝拷贝”通道，如图5–1所示。

⊙步骤 2

在复制的蓝色通道中执行“图像 > 调整 > 曲线”，在“曲线”对话框中进行图5–2所示的参数设置。单击“确定”按钮，将当前图像的黑白对比效果加强，如图5–3所示。

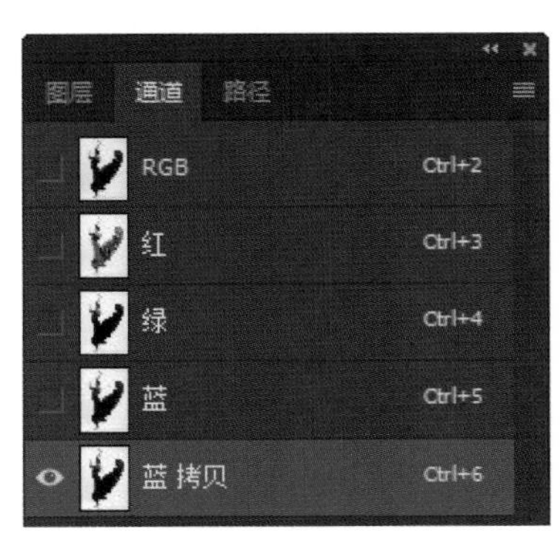

图 5–1

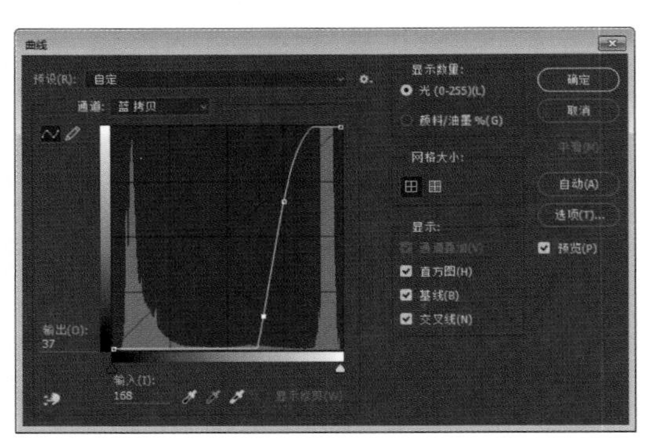

图 5–2

图 5–3

⊙步骤 3

再次执行“曲线”命令，在弹出的“曲线”对话框中进行图 5-4 所示的设置，去掉人物内部细节，将人物完全转换为黑色剪影效果，如图 5-5 所示。

⊙步骤 4

将前景色设置为黑色，选中画笔工具，对当前人物剪影内部遗漏的白色区域进行涂抹，直至白色完全被填涂，如图 5-6 所示。

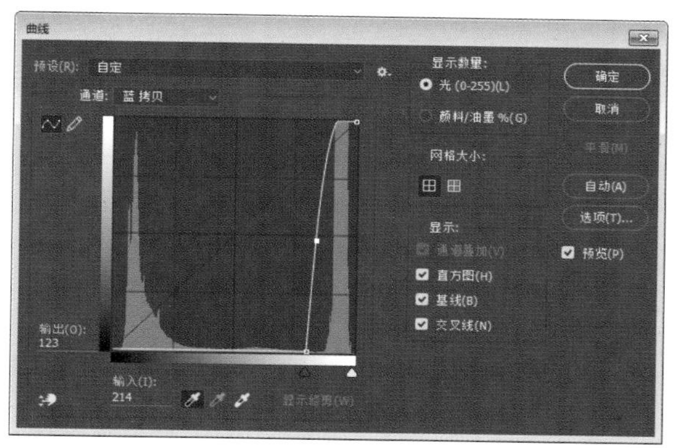

图 5-4

图 5-5

图 5-6

⊙步骤 5

执行“图像 > 调整 > 反相”（快捷键 Ctrl+I），将当前通道中的黑白关系颠倒，如图 5-7 所示。

⊙步骤 6

单击通道面板下方的“将通道作为选区载入”图标，蓝色复制通道中即创造出人形选区，如图 5-8 所示。

⊙步骤 7

将通道面板切换回 RGB 模式，如图 5-9 所示。回到图层面板，在背景层上按 Ctrl+J 键，人物即被抠选到图层 1 中，如图 5-10 所示 。

图 5-7

图 5-8

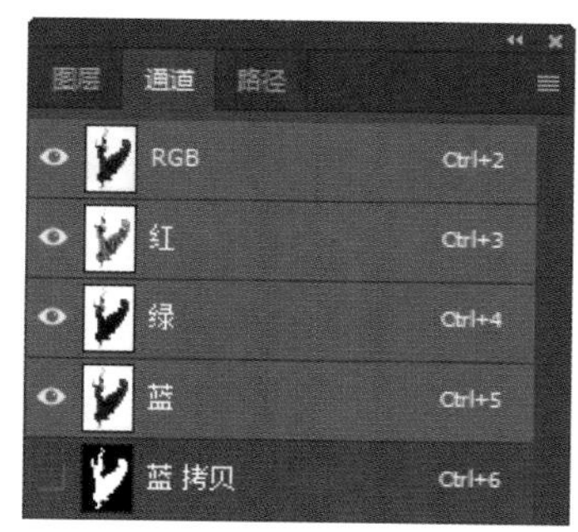

图 5-9

图 5-10

⊙步骤 8

删除背景层，这时图层面板中只剩下透明背景层“图层 1”，如图 5-11 所示。

⊙步骤 9

在图层 1 上方新建图层 2，将图层 2 拖动到图层 1 下方，按 Alt+Delete 键为图层 2 填充黑色，如图 5–12 所示。

⊙步骤 10

回到图层 1，执行“图像 > 调整 > 色彩平衡”，为人物色彩添加暖色调，具体设置如图 5–13 所示。设置后的效果如图 5–14 所示。

图 5–11

图 5–12

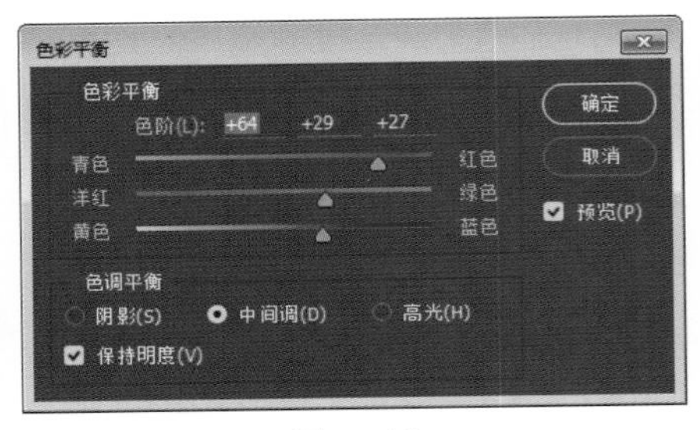

图 5–13

图 5–14

⊙步骤 11

打开素材“火焰”，用矩形选框工具创建图 5–15 所示的选区。

⊙步骤 12

将所框选的图像范围移动到人物图像中，形成图层 3，如图 5–16 所示。将其放置到人物裙摆位置，效果如图 5–17 所示。

图 5–15

图 5–16

图 5–17

⊙步骤 13

执行“编辑 > 自由变换”，在火焰图片上调出变形框；鼠标放至变形框顶角，按 Alt 键为火焰调整出透视感，双击鼠标确定变形，如图 5–18 所示。

⊙步骤 14

为图层 3 添加图层蒙版，如图 5–19 所示。在工具箱中把前景色设置为黑色，背景色设置为白色，选择画笔工具，用画笔在图层 3 火焰边缘涂抹。如图 5–20 所示，图层 3 蒙版中黑色笔触的部分即为图层中被遮挡的火焰边缘，图像效果如图 5–21 所示。

图 5-18

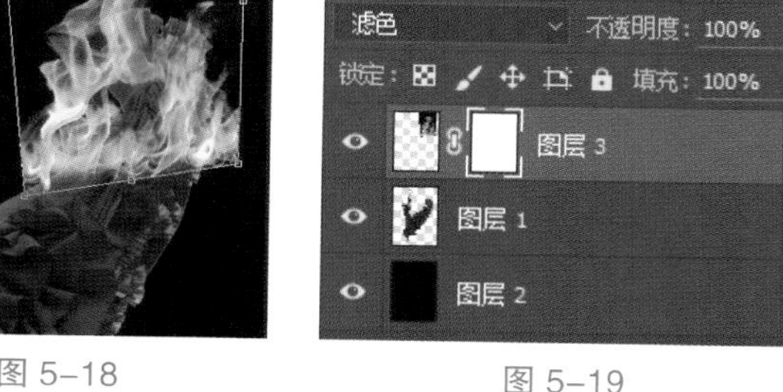

图 5-19

图 5-20

图 5-21

⊙步骤 15

如图 5-22 所示，复制图层 3 两次，给复制的图层调整位置，让火焰铺满裙摆。继续用画笔在图层蒙版中涂抹，令火焰边缘能更自然地融入背景效果。移入火焰素材图片，形成图层 5，将图层 5 移至背景层（图层 2）上方，并回到人物层（图层 1），最终效果如图 5-23 所示。

图 5-22

图 5-23

⊙步骤 16

对图层 1 执行“滤镜 > 液化”，在“液化”对话框中选择向前变形工具，具体参数设置如图 5-24 所示 。用设置的向前变形工具在人物裙摆处涂抹，令裙摆产生与火焰融合的形态，单击“确定”按钮，即可得到裙摆与火焰的融合效果，如图 5-25 所示。

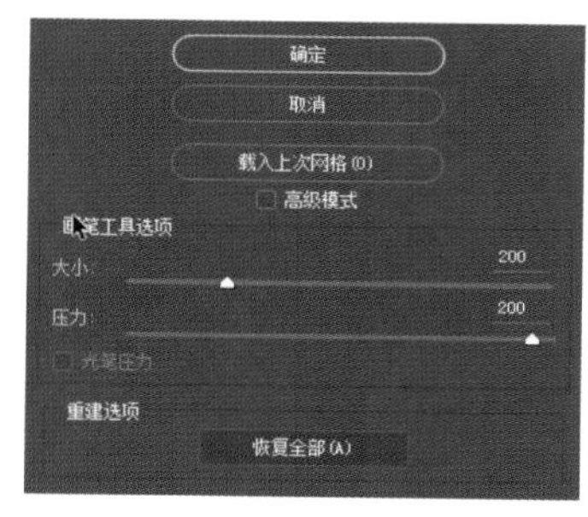

图 5-24

图 5-25

⊙步骤 17

在人物图像不同的位置输入文字，效果如图 5-26 所示。

⊙步骤 18

在图层面板中新建图层 6，如图 5–27 所示 。在工具箱中选择钢笔工具，在图层 6 中用钢笔工具绘制出围绕人物身体缠绕的曲线路径，如图 5–28 所示。展开路径面板，即可看到绘制的工作路径，如图 5–29 所示。

图 5–26

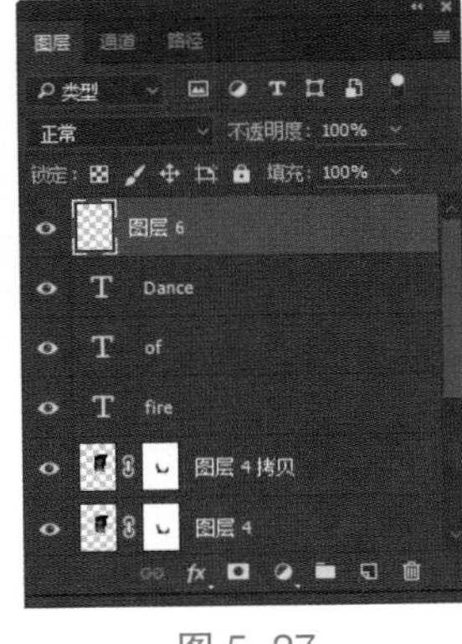

图 5–27

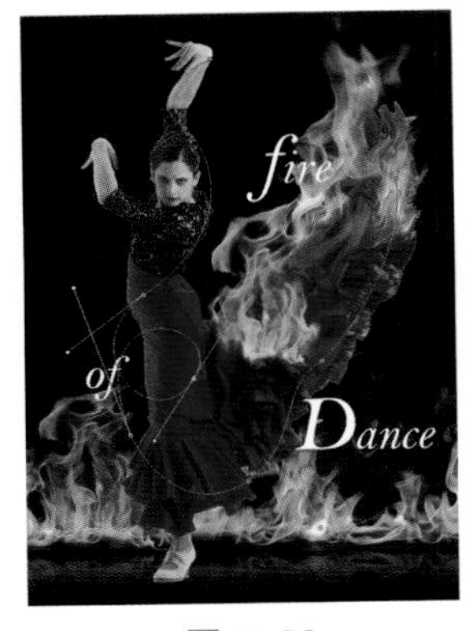

图 5–28

图 5–29

⊙步骤 19

设置工具箱中的前景色为，单击路径面板下方的“用画笔描边路径”图标，为当前文件中绘制的路径进行黄色描边，如图 5–30 所示。

⊙步骤 20

执行“滤镜 > 模糊 > 动感模糊”，在“动感模糊”对话框中进行图 5–31 所示的设置。为描边的曲线制作出柔和的动感效果，如图 5–32 所示。

图 5–30

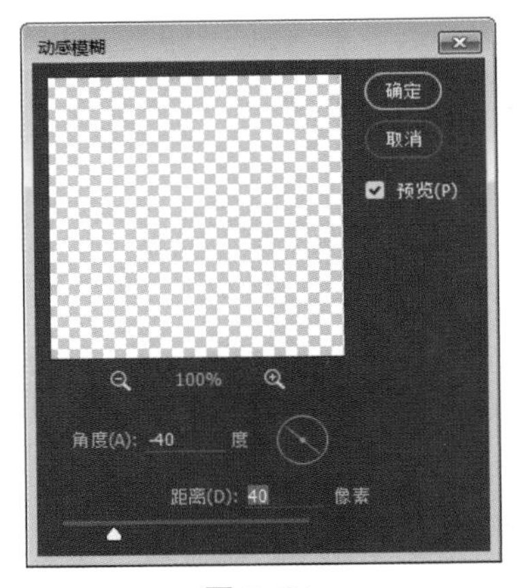

图 5–31

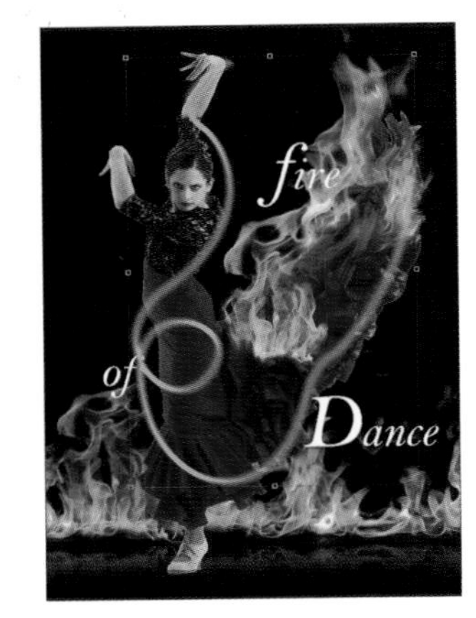

图 5–32

⊙步骤 21

调出工具箱中的橡皮擦工具，对其选项栏进行图 5–33 所示的设置。用设置的笔擦在图层 6 中擦拭，对绘制的曲线进行部分擦除，令曲线与人物的结合更加协调，如图 5–34 所示。在图层面板中将图层 6 的混合模式切换为“线性光”，如图 5–35 所示。按 Ctrl+J 复制当前图层，如图 5–36 所示。经过图层的复制及混合模式的叠加，曲线效果更加明亮醒目，如图 5–37 所示。

图 5–33

图 5-34

图 5-35

图 5-36

图 5-37

⊙步骤 22

回到人物图层（图层 1），调出工具箱中矩形选框工具内隐藏的多边形套索工具，在其选项栏中进行设置，如图 5-38 所示 。用多边形套索工具将人物的裙摆边缘框选中，如图 5-39 所示。

图 5-38

⊙步骤 23

执行“滤镜 > 模糊 > 动感模糊”，在“动感模糊”对话框中进行设置，如图 5-40 所示。单击“确定”按钮，令裙摆的飘动更具动感，最终效果即完成，如图 5-41 所示。

图 5-39

图 5-40

图 5-41

5.2 珠宝设计综合实例——首饰套链制作

⊙步骤 1

如图 5-42 所示，在 Photoshop CC 中新建一个画布（使用组合快捷键 Ctrl+N），设置高度和宽度为 600 像素，分辨率为 72 像素 / 英寸。

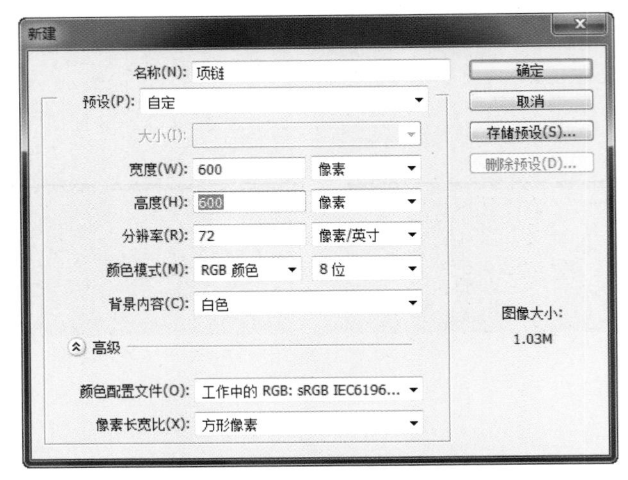

图 5–42

⊙步骤 2

选择钢笔工具，用钢笔工具绘制大套链的项圈部分，如图 5–43 所示。使用橡皮擦工具直接擦去项圈下方部分，如图 5–44 所示。

⊙步骤 3

继续绘制大套链的金属部分。使用钢笔工具绘制大套链所需要的金属丝部分，如图 5–45 所示。执行“描边路径”，在“描边路径”对话框中设置工具为“画笔”，如图 5–46 所示。

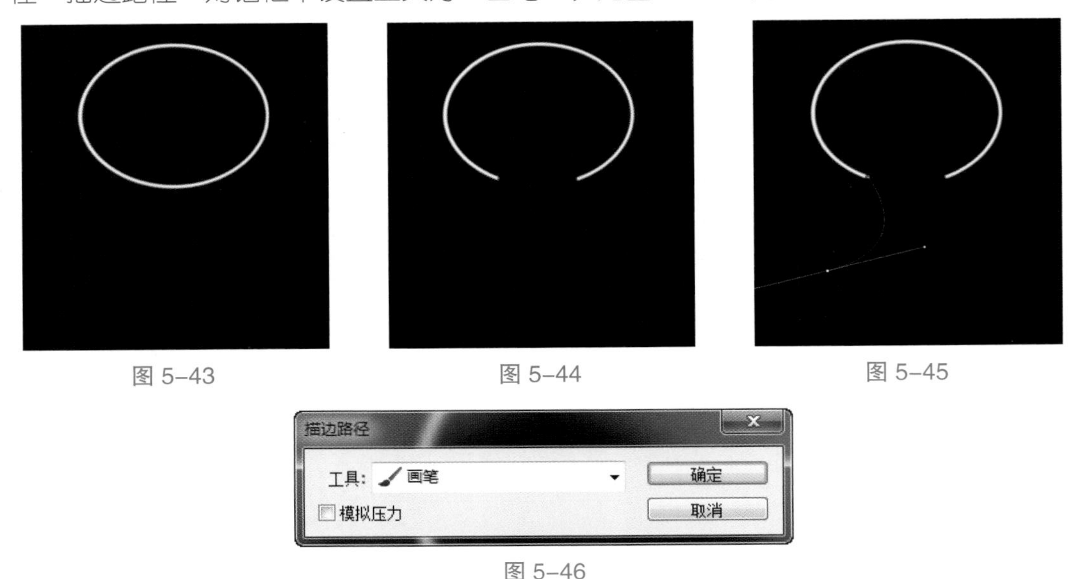

图 5–43　图 5–44　图 5–45

图 5–46

⊙步骤 4

按 Ctrl+ 回车，钢笔线会变成路径，再按 Ctrl+D 取消路径，弧线就画好了，如图 5–47 所示。使用同样的方法画出其他弧形的金属丝，如图 5–48 所示。

⊙步骤 5

使用椭圆选框工具绘制一个圆形宝石，填充白色。单击样式面板，单击样式面板右上角的向下三角形箭头，在弹出的下拉菜单中选择“Web 样式”，在弹出的确认框中单击“确定”按钮即可，这样在样式窗口中会出现所有的 Web 样式，选择“蓝色凝胶”样式，效果如图 5-49 所示。使用椭圆选框工具绘制宝石的镶口，并且填充白色，如图 5-50 所示。

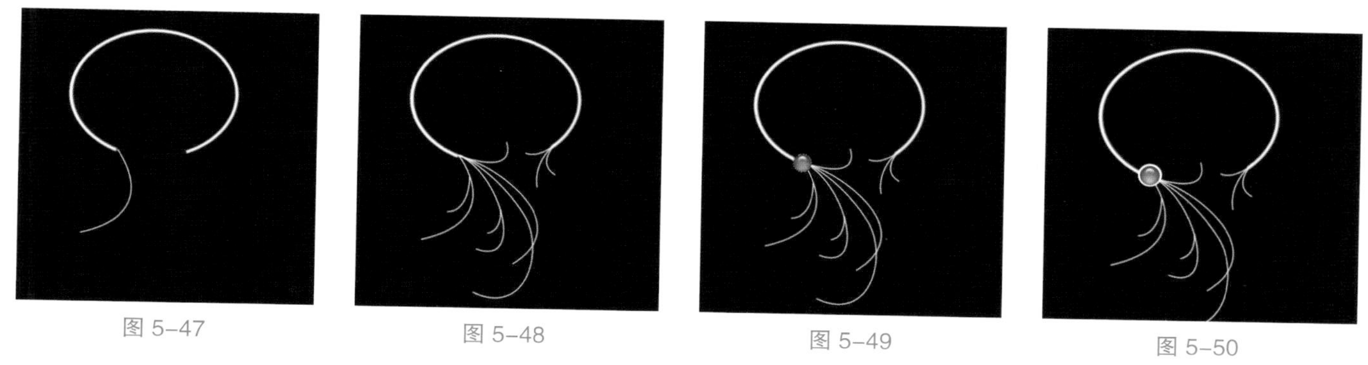

图 5-47 图 5-48 图 5-49 图 5-50

⊙步骤 6

复制宝石图层和镶口图层，得到第二个宝石和镶口，如图 5-51 所示。用以上方法绘制出其他宝石，如图 5-52 所示。

⊙步骤 7

使用椭圆选框工具绘制圆形金属装饰物部分，填充白色。单击样式面板，单击样式面板右上角的向下三角形箭头，在弹出的下拉菜单中选择“Web 样式”，在弹出的确认框中单击“确定”按钮即可，这样在样式窗口中会出现所有的 Web 样式，选择“水银”样式，效果如图 5-53 所示。使用自定形状工具，选择“雪花”形状，效果如图 5-54 所示。

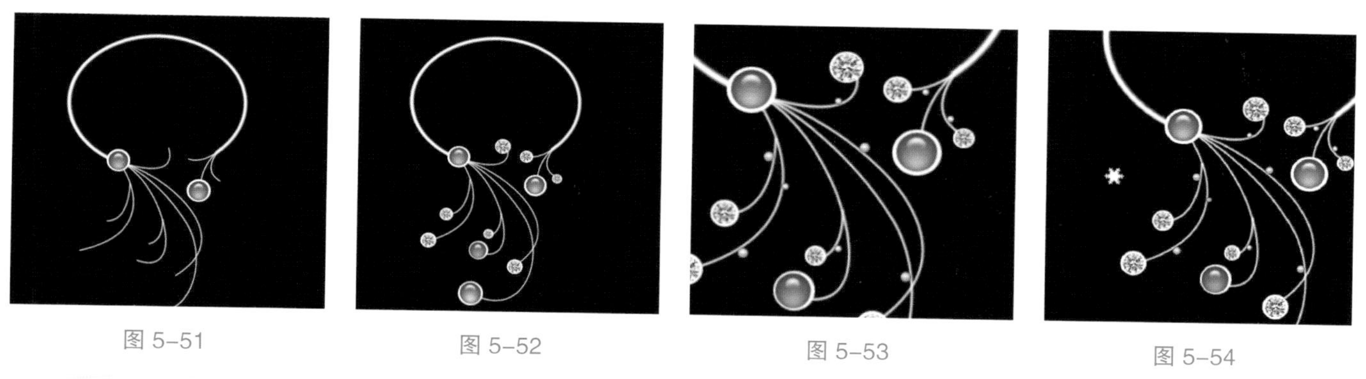

图 5-51 图 5-52 图 5-53 图 5-54

⊙步骤 8

单击样式面板，单击样式面板右上角的向下三角形箭头，在弹出的下拉菜单中选择“Web 样式”，在弹出的确认框中单击“确定”按钮即可，这样在样式窗口中会出现所有的 Web 样式，单击选择“高光拉丝金属”样式，效果如图 5-55 所示。绘制其他“雪花”形状的金属装饰物，效果如图 5-56 所示。

⊙步骤 9

调整所有金属丝部分的效果。单击样式面板，单击样式面板右上角的向下三角形箭头，在弹出的下拉菜单中选择“Web 样式”，在弹出的确认框中单击“确定”按钮即可，这样在样式窗口中会出现所有的 Web 样式，单击选择“烙黄”样式，效果如图 5-57 所示。用钢笔工具绘制闪烁星光。在按住 Ctrl 的同时拖动节点，调整一下星光的形状和角度，要是形状调整的不合适，还能用增加节点和减少节点来精细调节，效果如图 5-58 所示。

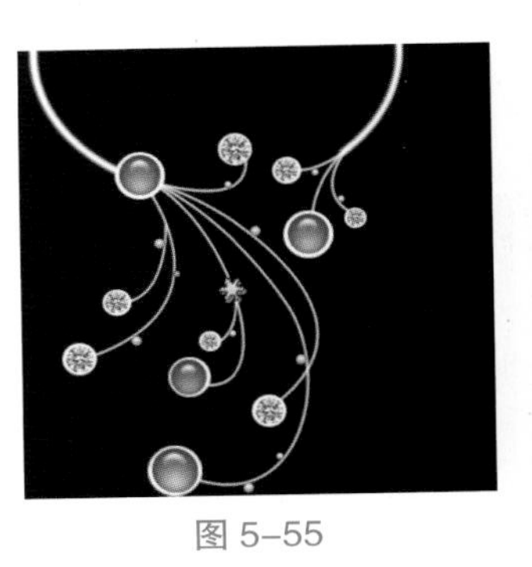
图 5-55

图 5-56

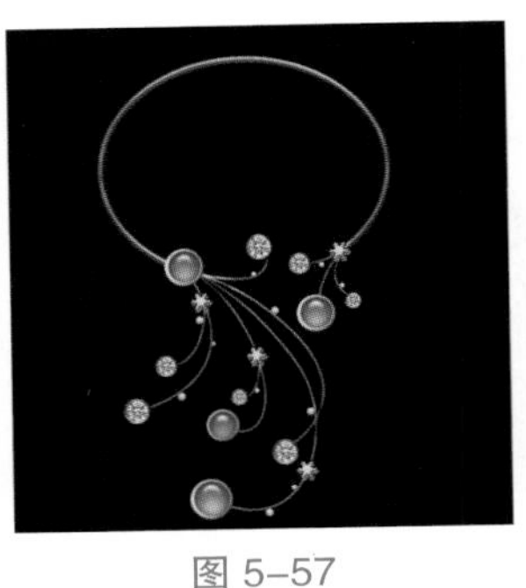
图 5-57

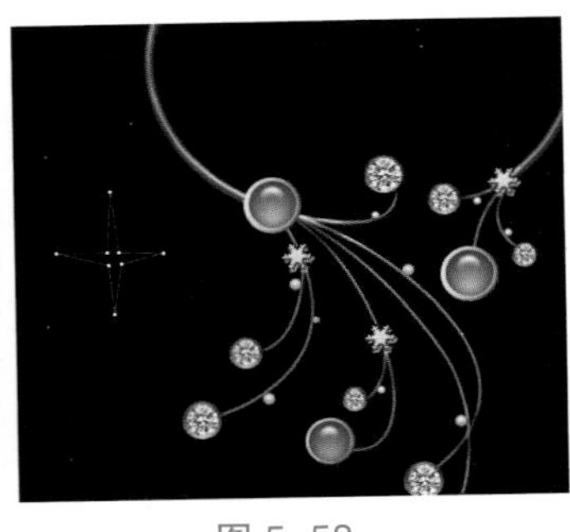
图 5-58

⊙步骤 10

将钢笔工具绘制的星光路径变成选区，可以使用组合快捷键 Ctrl+Enter，使路径变成选区。使用羽化工具，设置羽化半径为 2 像素，如图 5-59 所示。填充白色，如图 5-60 所示。

图 5-59

⊙步骤 11

调整大小，把不透明度设置为 50%，效果如图 5-61 所示。把闪烁星光放在大套链上，如图 5-62 所示 。

⊙步骤 12

载入素材“背景”，效果如图 5-63 所示。

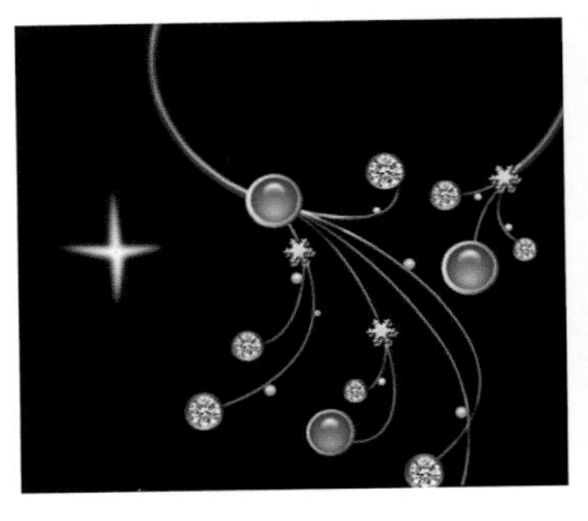

图 5-60

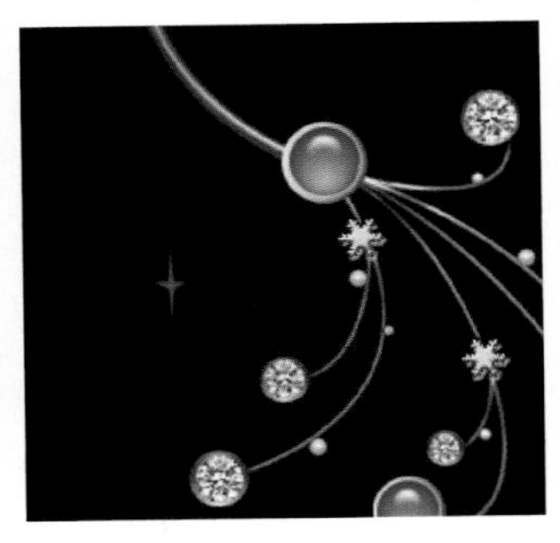
图 5-61

图 5-62

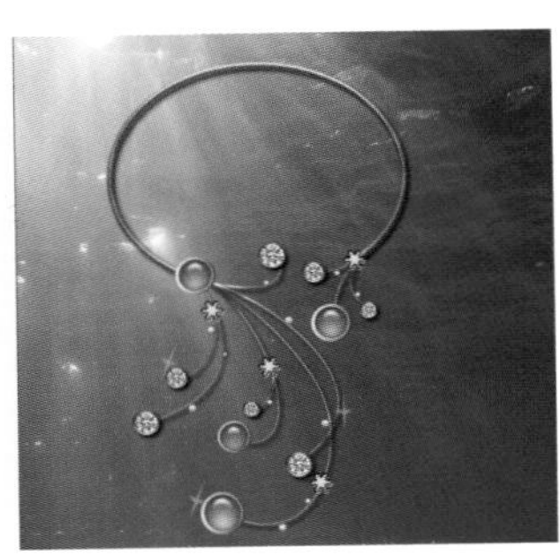
图 5-63

5.3 环境设计综合实例——建筑效果图后期处理

“亲水餐厅效果图”案例所要表现的是一个位于水景中的亲水餐厅，前后对比效果如图 5-64 和图 5-65 所示。后期处理的第一步是确定一张图的色调和风格，比如加入远景和天空。

图 5-64

图 5-65

⊙**步骤 1**

用 Photoshop 打开我们用 3ds Max 渲染好的“亲水餐厅模型图”，如图 5-66 所示。

⊙**步骤 2**

找到合适的“天空”素材，将其拖入画面中，如图 5-67 所示。

图 5-66

图 5-67

⊙步骤 3

将天空图层拖拽到建筑图层的下方，并将其放置到画面中合适的位置，打开“亮度 / 对比度”对话框，设置天空的亮度和对比度，如图 5-68 所示。

图 5-68

⊙步骤 4

把用 3ds Max 渲染好的 AO 文件拖拽到画面中，混合方式选择“叠加”。AO 即 ambient occlusion，译为“环境吸收”或者“环境光吸收”，通俗地讲，就是 AO 不需要任何灯光照明，它以独特的计算方式吸收环境光，从而模拟全局照明的效果，它主要通过改善阴影来更好地实现图像细节。具体地说，AO 可以解决或改善漏光、飘和阴影不实等问题，解决或改善场景中缝隙、褶皱与墙角、角线以及细小物体等的表现不清晰问题，综合改善细节尤其是暗部阴影，增强空间的层次感、真实感，同时加强和改善画面明暗对比，增强画面的艺术性。加入 AO 贴图后的效果如图 5-69 所示。

图 5-69

⊙步骤 5

在图层面板下面单击“创建新的填充或调整图层”图标，在弹出的菜单中选择“亮度/对比度”选项（见图 5–70）来调整画面的亮度和对比度，效果如图 5–71 所示。

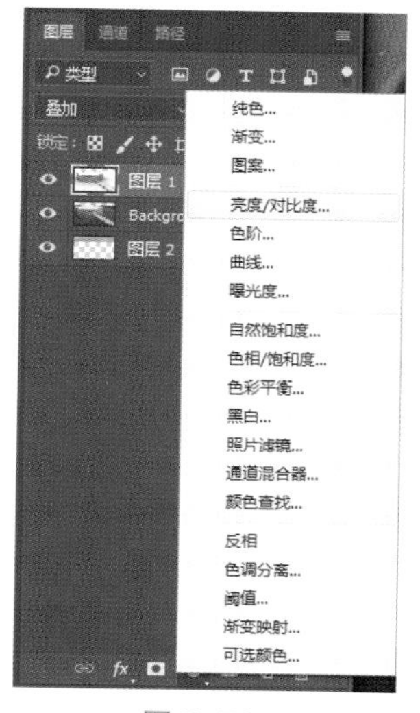

图 5–70

图 5–71

⊙步骤 6

下面为画面加入远景的树木。将准备好的远景图片拖入画面中，按 Ctrl+T 组合键，使用“自由变换”命令调整远景树木的透视及位置，如图 5–72 所示。

图 5–72

⊙步骤 7

在左侧工具箱中单击橡皮擦工具，调整橡皮擦工具的形状及大小（见图 5–73），对远景树木的边缘进行擦除，让远景树木和背景草地的连接处融合在一起，不会出现生硬连接的情况。

⊙步骤 8

观察远景树木的颜色，感觉有些黯淡，打开“色相/饱和度”对话框，调整远景树木的颜色，如图 5–74 所示。

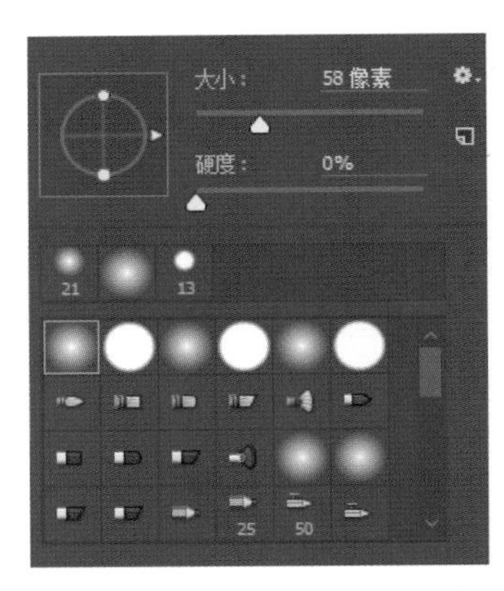

图 5-73

图 5-74

⊙步骤 9

把准备好的“远景荷叶”素材拖入画面中，使用“自由变换”命令调整远景荷叶的透视及位置。对于遮挡到建筑主体的部分，用钢笔工具顺着建筑的轮廓勾画出选区，然后进行删除，最后用橡皮擦工具在荷叶和水的交界处擦除，如图 5-75 所示。

图 5-75

⊙步骤 10

现在开始加入近景物体，因为近景有时候会挡住一些中景的视野，所以最后再加入中景可以有效减少工作量。如图 5-76 所示，拖入近景“花卉”素材，使用“自由变换”命令调整其透视及位置，并在“亮度/对比度”对话框中调整其明暗，如图 5-77 所示。

图 5-76

图 5-77

⊙步骤 11

把准备好的近景草素材拖拽进画面，调整其位置，如图 5-78 所示。

图 5-78

⊙步骤 12

如图 5-79 所示，使用“镜头模糊”命令调节前景草，使其不影响主体画面，效果如图 5-80 所示。

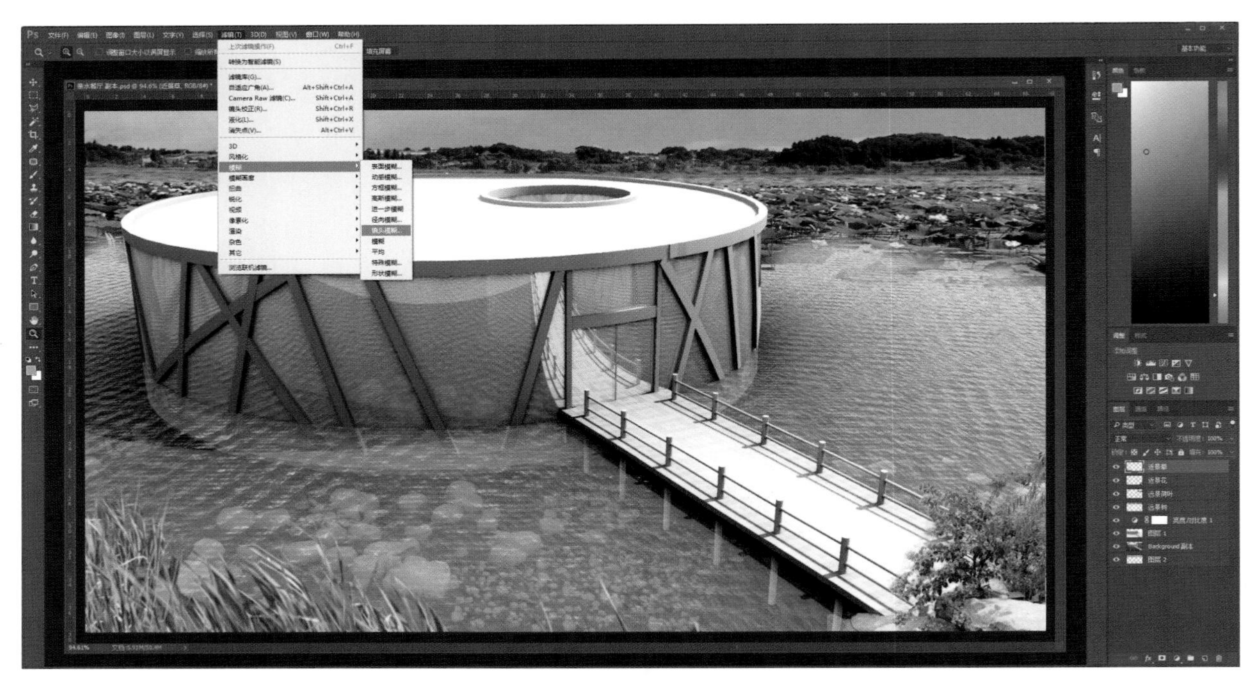

图 5-79

图 5-80

⊙步骤 13

下面加入中景的荷叶和石头。一般部分中景会被近景挡住，所以在添加时需要注意每个配景的位置，如图 5-81 所示。

⊙步骤 14

使用移动工具调整中景物体的位置，并调整好图层的位置，如图 5-82 所示。然后使用“自由变换”命令调整物体的大小及比例，如图 5-83 所示。

图 5-81

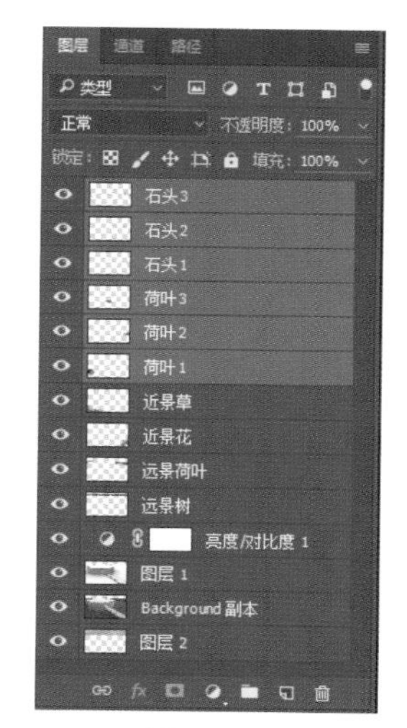

图 5-82

图 5-83

⊙步骤 15

桥下荷叶的一部分挡住了桥，在位置关系上和实际不符，所以用橡皮擦工具擦掉挡住的一部分，如图 5-84 所示。

图 5-84

⊙步骤 16

在图层上添加照片滤镜蒙版，如图 5–85 所示 。让整体效果偏暖，如图 5–86 所示。

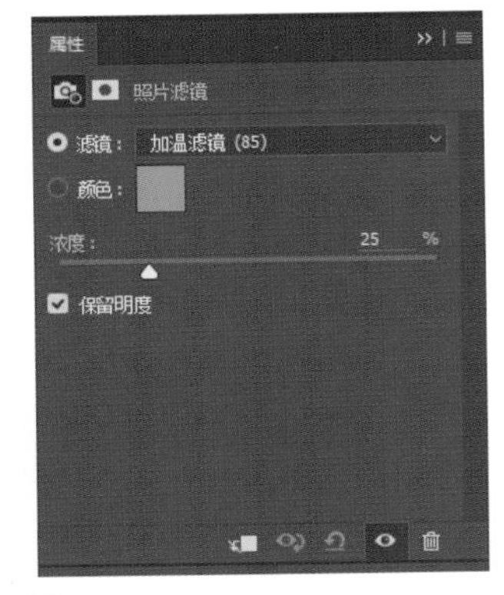

图 5–85

图 5–86

⊙步骤 17

添加照片滤镜后感觉效果太暖，这时可调节图层的不透明度来减弱滤镜的效果。如图 5–87 所示，将图层的“不透明度”设置成 30%，效果如图 5–88 所示。

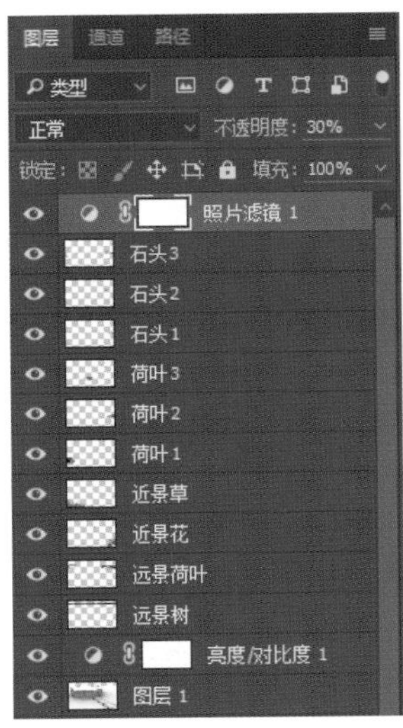

图 5–87

图 5–88

⊙步骤 18

将文件以 JPG 格式导出，然后将 JPG 文件拖拽到 PSD 文件中，如图 5-89 所示。

图 5-89

⊙步骤 19

打开“高斯模糊”对话框，将半径设置为 30 像素，如图 5-90 所示。

图 5-90

⊙步骤 20

如图 5-91 所示，将图层的混合模式设置为“柔光”，效果如图 5-92 所示。观察图像效果得知，加入柔光效果以后，整个画面的颜色更加丰富。

hotoshop Jichu Jiaocheng

图层
通道
路径
类型
柔光
不透明度：100%
锁定：
填充：100%
图层 3
照片滤镜 1
石头3
石头2
石头1
荷叶3
荷叶2
荷叶1
近景草
近景花
远景荷叶
远景树
亮度/对比度 1
图层 1

图 5-91

图 5-92

参考文献
References

[1]〔美〕安德鲁·福克纳，康拉德·查韦斯.Adobe Photoshop CC 2018 经典教程 [M]. 北京：人民邮电出版社，2018.

[2] 郑志强.Photoshop 影调、调色、抠图、合成、创意 5 项核心修炼 [M]. 北京：北京大学出版社，2018.

[3] 贾亦男，宿丹华. 神奇的中文版 Photoshop CC 2018 入门书 [M]. 北京：清华大学出版社，2018.

[4] 亿瑞设计.Photoshop CC 中文版从入门到精通 [M]. 北京：清华大学出版社，2018.

[5]〔美〕Corey Barker.Photoshop 特效制作专业技法 [M]. 北京：人民邮电出版社，2017.

[6] 唯美映像.Photoshop CS6 平面设计自学视频教程 [M]. 北京：清华大学出版社，2015.